神奇的NLP

改变人生的非凡体验

〔英〕大卫·莫登/David Molden

〔英〕帕特·哈钦森/Pat Hutchinson / 著

张鹏　罗玉婧　译

重庆大学出版社

您在通往成功的康庄大道上一往无前。

什么是 NLP？ 它能为你做些什么?

NLP 是指一套能够帮助你有效处理无益思维和行为的工具与技巧（这些无益思维和行为也许你自己并未意识到）。此外，NLP 还会为你带来积极的思维和行为，由此从真正意义上改变你的生活。尽管 NLP 涵盖各种各样的工具和技巧，但你无须对此全盘掌握。因为仅仅一个技巧，就能为你的生活带来一份惊喜。文章后面的一些小练习能够帮助你找到适合你的 NLP 小技巧。

NLP 的历史

20 世纪 70 年代初期，美国加州的理查德·班德拉博士

和约翰·格莱德博士共同提出了 NLP 理
论。尽管二人后来各自沿着不同的方向
进行着独立的研究，但他们仍坚持深入
探索 NLP 的各种模型与技巧。过去的

> NLP 为人们的积极进取和改变提供了有效的工具和方法。

30 年中，还有无数的学者致力于这一领域的研究，其人数
之多，不胜枚举。我们最新的研究成果是第 3 章即将谈到的
"不是那样，而是这样"思维模式，以及第 10 章所设置的
一些小练习。班德拉和格莱德一直希望能够发现卓越人士的
成功秘诀，以及复制这些成功模型的方法。最开始，他们的
研究对象是一些杰出的心理医生。后来随着研究的深入，研
究对象也就逐渐扩展到了销售总监、谈判专家、公共演讲者、
培训师以及领导，等等。很快，二人便发现了帮助人们改变
性格的最佳工具以及取得成功的最佳方案。随后，他们设计
出最早的 NLP 公共培训课程。如今，NLP 已经能够提供一
系列有效的工具和方式，为您的人生带来真正意义上的积极
改变。

名副其实的 NLP

NLP 是英文"Neurolinguistic Programming"的缩写，中文译为"神经语言程式学"。具体分析如下：

- "神经"是指大脑和神经系统；
- "语言"是指用于交流的口头语言和肢体语言；
- "程序设计"是一种独特的设计方式，能将"神经"和"语言"结合起来，从而创造出人的行为。

人的大脑中存在着两种意识，即显意识与潜意识。实际上，我们从清晨一起床，就启动了潜意识深处的程序——正是潜意识让我们自然而然地调动记忆，从而毫不费神地去做一些事情。大脑中负责潜意识的储存区域远远大于负责阅读书本等的显意识区域。这两种意识相互合作，共同完成任务。举一个典型的例子：看书的时候，显意识会突然让人想起另外一件事情来，而这时，潜意识使人继续阅读，直到要翻另外一页之时，才惊觉自己完全回忆不起来刚才所读的内容。

人的大脑一旦形成一种程序，那么这种程序就会保持惊人的持续性，不断地产生相同的结果。诚然，一些程序对人有益，而有一些程序却会产生一些负面效应，对人有害。NLP 的作用就是改变一些对人不利的程序，并创造出一些有利于个人发展的新程序来。

多数人往往只会在事情发生之后才会作出反应。NLP则会让你更加主动地、有选择性地作出反应；让你更加清楚地认识自己的行为并了解自己内心真实的想法和感觉。NLP还会让你明确自己行为背后的真正动机，从而对自己的生活和工作作出清晰的判断和决策。每个人在生活和工作中都得为自己的行为负责，并根据实际情况作出相应调整，从而最终提高生活质量。这就好比一个技术娴熟的驾驶员，手握方向盘，信心十足，能够根据路况作出清晰而正确的判断，让人生之车朝着既定方向稳稳地行驶。可以说，一旦你掌握了NLP，你的生活将变得更加美好。

你了解自己吗？

你也许会问：为什么境遇相似的两个人最后却有着截然不同的命运？为什么一些人的成就远远高于另一些人？你或许也注意到有些人的周围总有一群活泼外向、热情洋溢之人，而有些人总是被怨声载道、忧郁沮丧的人包围；有些人好像事事称心，万事如意，而有些人似乎整日愁眉苦脸、苦苦挣扎。那么，到底是什么造成了这种差别？

> 我们通常认为成功人士都是幸运的宠儿，但是难道他们的成功仅仅依靠幸运吗？

我们通常认为成功人士都是幸运的宠儿，但是难道他们的成功仅仅依靠幸运吗？幸运的潜台词总是有那么点赌博的味道。然而，经过仔细观察，我们不难发现这些卓越人士的人生却很少掺杂有投机的成分。不管怎么说，他们不断地获得成功，这本身就是有悖于赌博定律的。所以，这些人取得的成功更多的是靠他们的思维方式而非上天眷顾。那么，一个人如果掌握了自己的思维模式，就好比拿到了一把打开成功之门的钥匙。不过，为了拿到这把钥匙，你得首先了解一下思想究竟会对人生产生何种影响。或许，你认为自己无法获得成功是因为一些无法掌控的因素。这只能说明你是一只井底之蛙。只有当井底之蛙鼓起勇气，爬出深井之时，才会认识到外面的世界原来如此之大。NLP 就是要让您增长见识，改变您的人生的机遇。

新版本的内容更加丰富

《神奇的 NLP——改变人生的非凡体验》第一版出版后，我们收到了许多读者的来信。他们告诉我们阅读本书让他们受益匪浅。他们还告诉我们书中详尽的例子和练习帮助他们运用 NLP 超越自身思维的局限，解决实际问题，并最终迎来美好人生的经历。每每听到读者来信述说他们所取得的成就，我们都备感欣慰甚至惊讶。新版本中，我们在第 10 章加入了更多绝佳事例和技巧。所有的事例都是真人真事，但我们使用化名以保护当事人的隐私。此外，在每个章节的最后，我们还附上了温馨小贴士。我们相信新增的内容定会让您受益无穷。同时，我们也期待着您能将使用《神奇的 NLP——改变人生的非凡体验》的感受写信告诉我们。

就说到这儿，让我们现在就开始吧！

CONTENTS

- 目录 -

第 1 章

通向成功的钥匙

　　人的思想就像是一个万花筒。但是长久以来，我们都对这个万花筒不管不问，任由它自己变换花样。只见它时而倒向左边，形成一种花样；时而又倒向右边，形成另一种花样。这样任由它自由变换多年。突然有一天，我们拿起这个万花筒，自己想要变个什么花样。手轻轻一转，整个花色立马全变，形成了全新的式样。再一转，又是一个新式样。接下来的问题是：究竟哪种式样最漂亮？ 也就是要决定究竟哪种思维对人最有用、最有益。那么，到底是什么组成了万花筒里各种各样的花色的呢？

人的潜意识里储存着什么？ 它们有何用处？

　　万花筒里的式样代表着一个人对自身和自身经历的看法，这包括：

　　● 价值观

　　对你而言，何为重要？

　　如何看待人物、事件、地点、活动，以及信息的价值？

　　什么是内在价值观（即后设程式）？

- 信念

如何看待自己和他人？

有什么样的观点、判断力以及推测的能力？

对你而言，何为重要？

对你而言，真正重要的是什么？是工作吗？工作是否让你感到所做的努力都是值得的？你与家人、亲戚、朋友、同事的关系是否对您非常重要？当你扪心自问时，答案从何而来？来自大脑，还是内心？这些都代表着您的价值观——它们对你至关重要，你会不惜一切去保护并且珍爱它们。

那么，对你而言，真正重要的是什么？在回答这一问题的时候，注意自己的语气或态度，看看它们是否与你的用词相符？如若不是，恐怕就意味着这些重要之物对你而言只不过是一种责任而已。要知道，源于责任的价值观与自愿选择的价值观有着天壤之别。也许你很少问自己这样的问题。但是，要知道，问题的答案可能就是导致你生活不尽如人意的原因。你或许认为实现美好人生的途径就是：设定目标，制

订计划，然后执行计划。但要真有那么简单，那岂不是每个
人都照着做就会成功了？

也许，在你忙忙碌碌之时，真正重要的人或事物却离你而
去了。

有必要对不适
感多加留意。
很多对你而言非常重要的东西也许你
根本就未意识到。这些重要的人或事物不
易察觉，可能在你忙着去追逐事业、金钱、伴侣、幸福，以
及其他形式的认同感时，它们已经离你而去了。但这些重要
的东西往往会对你的行为产生重大的影响。因此，一旦有一
天，你因形势逼迫而不得已要做违背自己价值观的事时，你
就会感到莫名地不适。你甚至不知道这种不适感到底是什
么，从何而来，又为何而来。这种不适感有很多表现形式：
一种不舒适的感觉，一闪而过的念头，一段不愉快的回忆，
甚至是一阵战栗。很多时候你都会忽略这种不适感，但潜意
识会提醒你，你需要对此予以重视。你当然也可以采取视而
不见的态度，但如果你坚持对此置若罔闻，那你终将会压抑
住一个真实的自己，压抑你内在的能量。而如果能量找不到

出口发泄，那么它将会导致疾病并带来痛苦。所以，咱们还是留心一下那些不适感吧。

你的价值观从何而来？

从你出生那一天起，你就开始逐渐在形成并积累你的价值观。当你步入成年阶段，你保留一部分价值观。那么，你的价值观究竟是什么呢？你是如何获得这些价值观的？它们对你又有什么影响呢？

- 最常见的是**继承型价值观**。小时候，你会受到你父母、兄弟、亲人、老师的影响而形成自己的价值观。后来，你慢慢开始明白事理，有了自己的选择，又会受到你所崇拜的体育、时尚、电影、音乐以及政治偶像的影响而形成一定的价值观。当你成年之后，这些价值观便成为你固有思维的重要组成部分。比如说，如果从小父母就告诉你要把碗里的饭吃完，那么长大后你也会这样，尽管吃饱了，不需要再吃了，但也还会把碗里剩下的饭吃下去。再比如说，如果你父母都是做学问的，那你也会非常重视读书考学。

- 第二种是**补偿型价值观**。当一个人试图弥补自己未曾获得的事物时，他就会形成补偿型价值观。比如说，如果你没有体会到童年的快乐，你很有可能过度溺爱你的小孩。因为带着这种补偿性价值观，你想去弥补自己的遗憾。

- 第三种是**个人判断**。这是指一个人的经历会对这个人价值观的形成造成影响。比如说，如果你曾经遭到抢劫，那么你很可能会过度关注个人安全，尽管有时候有过之无不及。

表面看来，这些价值观似乎并不重要。但是仔细观察，你会惊讶地发现正是它们决定了你的人生轨迹。当你产生那种不适感，觉得有什么不对劲时，停下来审视一下你的价值观吧，看看你的行为是否已经违背了内心深处的某条价值观了。下面的技巧能够帮助你发现自己真正的价值观，从而作出明智的选择。

确定真正的价值观

第一步

回想一下你最近一次感到不适是什么时候——是与一段感情有关，还是与你的工作、家庭、经济状况、自尊心、自信心有关？请回答下面的问题。

对我而言，_____的重要性是什么？（请先在画线部分填写出让你感到不适的事物）

对我而言，_____还有什么其他的重要之处？

比如，假设画线部分是"工作"，那么第一个问题就是，"对我而言，工作的重要性是什么？"，然后再问自己"对我而言，工作还有什么其他的重要之处？"

要不断地问自己第二个问题，然后把所有的答案都列出来，直到你再也想不出其他的答案。整理好这个清单之后，再问自己一遍。因为对你至关重要的事物或许藏在你内心深处，只有不断地挖掘才可能找到它。这样一来，你可能会得到至少 8 种价值观。

你得到的答案可能是"工作对我很重要，因为在工作中我可以获得认同和重视。""工作对我很重要，因为它会为我带来丰厚的酬劳。""工作很重要，因为我的工作意义重大，它可以帮助那些需要帮助的人，让我们的世界变得更加美好。"

第二步

现在来看看什么是对你最重要的价值观。挨着对比清单上的每一个价值观，思考一下"哪一个对自己来说更为重要呢"。回答要坚定而真实。最后你会得到一个按重要顺序排列的价值观清单。

第三步

现在，请对照清单上的前三个价值观，扪心自问：自己现在的行为是符合还是违背这个价值观呢？比如说，你在与孩子们相处时，非常强调相互信任。但实际上，你却经常询问他们在哪儿，什么时候回家。其实，你的行为已经背离了你的价值观。因此，你有两个选择。要么保留价值观改变行为，要么保留行为而改变价值观。当然，也许是其他价值观对你的行为产生了一定的影响。因此，我们一定要记住：这个练习的目的并不是去寻找最重要的那个价值观，而在于帮助你找到自己真正的价值观，并明确它们与行为的关系，从而作出正确的决定，让你的人生更加美好。

如果你违背了自己的价值观，那你会做些什么来弥补呢？你是否会改变自己的行为使之与价值观相符呢？或

> 如果你违背了自己的价值观，你打算怎么做呢？

许你的一些价值观已经没有任何意义了，你只是出于习惯才继续保留它们的——这些价值观又是从何而来呢？它们是否只在某些情况下适用？你能改变它们吗？你是否知道别人在这方面所持的价值观呢？如果你改变了这个价值观会产生什么样的后果呢？你的生活会有什么不同吗？以上这些质疑其实就是做出改变的第一步。

内在价值观

到目前为止，我们讨论的都是人生经历所带来的价值观。还有一些更基本的价值观，它们往往决定了人们对待生活的态度。我们将这些价值观称为内在价值观，即后设程式，这是人的核心动机和行为模式的根源。

内在价值观很好辨认。一个人的言行举止，举手投足之间就会将其显露无遗。此处的关键并非是要判定一个人的行为对错，而是要判断这种价值观是否适用于某种情况。

如果这些价值观位于一条箭头线上，两边为 10，中间为 0。0 和 10 代表着两种极端（如图所示）。那么一个人在工作和生活中的价值观可能会在这条线的不同位置。但这与对错无关，只是说明了某种价值观更符合某一特定的环境而已。如果我们把这条线从 0 到 10 给你一一道来，你就会开始慢慢了解自己。

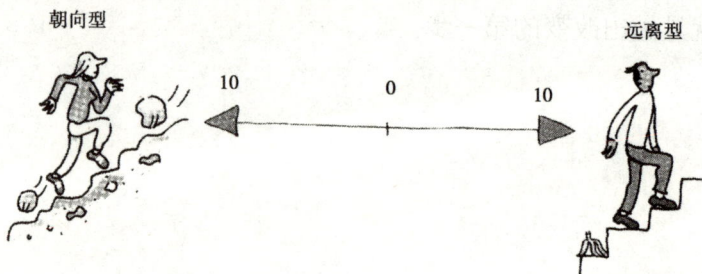

朝向型　　　　　　　　　　　　　　　　　　　　远离型

10　　　　　0　　　　　10

"朝向型"和"远离型"价值观

如果你拥有的是"朝向型"价值观,那么"动力"将是你的一个重要特征。具体说来,你会轻松设定一个目标,并且会不断地为自己设定新目标。有时,你会不顾风险,勇往直前,哪怕是还没达到既定目标就开始制订下一个新的目标。

• 优点——前瞻性思维;以目标为导向;充满活力与前进的动力。

• 缺点——由于同一时间设定的目标太多而失去方向;被他人视为野心勃勃;有半途而废的倾向。

如果你拥有的是"远离型"价值观,那么你会尽量规避风险,并且只有在确保万无一失的前提下,才会采取下一步行动。由于处处规避风险,你有时会错失良机。这种类型的一个显著特点就是过度强调"以防万一"。而且当被问到想要什么时,总是答非所问地列举出不想要的东西出来。只有在所有的顾虑都被统统打消的前提下,你才会开始下一步的行动。任何情况下,安全稳妥都是你的重中之重。

• 优点——非常擅长评估和规避风险。

• 缺点——过度小心谨慎;倾向于看到事物的负面;不

愿尝试新的事物。

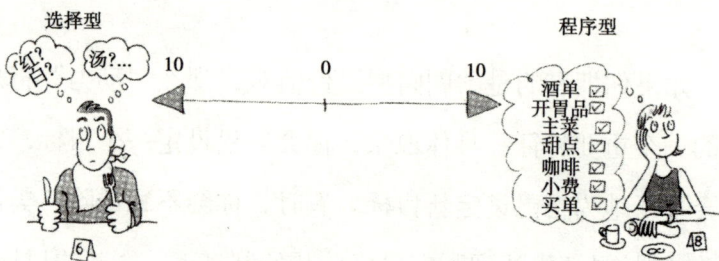

"选择型"和"程序型"价值观

如果你拥有的是"选择型价值观"，那么你希望自己的人生充满选择。比如，购车时你会考虑不同的车型；购房时你会考虑不同的地段；外出就餐时你会希望有多种种类的食物以供选择。如果你的价值观在端头 10 这个箭头位置，就说明你太犹豫不决、耽搁时间，特别是在那些重视程序的人眼中更是如此。你总是会反复斟酌各种可能的选择，仿佛一旦决定就会让自己追悔莫及一般。

• 优点——乐于尝试不同的选择，并为他人提供多种选择；勇于打破常规。

• 缺点——容易拖延耽搁时间；除非不得已，否则尽量避免作决策；总是画蛇添足。

如果你的价值观属于"程序型"，那么你总是有计划、有效率地完成每一件事。太多的选择会让你感到异常的困惑和疲惫。你会列明清单，每做完一件事情就会划掉。你尤其擅长那些步骤严谨的事情。然而，如果碰到不熟悉的程序，特别是由"选择型"价值观的人所编写的新程序，你会疲于应付。总之，你需要清晰地列出完成任务的步骤以及程序。

- 优点——高效；循规蹈矩。
- 缺点——重视做事的程序胜过做事本身；墨守成规；有点官僚主义。

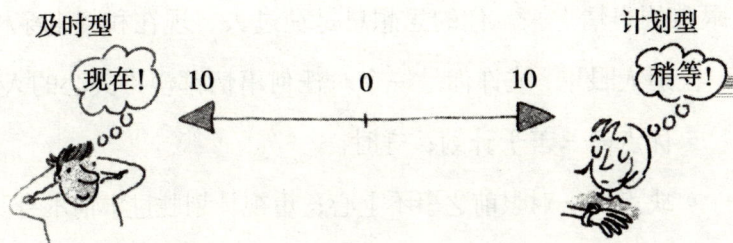

"及时型"和"计划型"价值观

如果你总是"活在当下"，那么你的价值观属于"及时型"。你从不为"未来"操心，不会担心明天的会议或聚会是否会迟到，等等。你在意的是"当前"。你重视现在的分分秒秒，并全心投入到眼前的事情。

- 优点——精力集中；情感和精神都能非常投入。

- 缺点——经常迟到，给人留下不守时的印象；因缺乏计划而造成太多事情缠身。

如果你总是把时间花在计划上，总是在想如何保证第二天的会议、聚会，或是其他的活动不会迟到，那么你的价值观就属于"计划型"。由于你的头脑不是在盘算着下一步的行动就是在分析你上一步的举措，因此你很难把注意力集中在眼前的事情上来。你的思想总是在过去、现在和将来穿梭着。在别人眼里，或许你是一个对任何事情都漠不关心的人。

- 优点——善于计划；守时。

- 缺点——对眼前之事不上心；重视计划胜过事情本身。

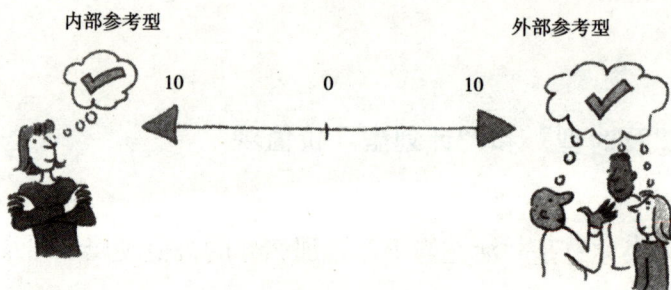

"内部参考型"和"外部参考型"价值观

判断这两种价值观最简单的方法就是看一个人是如何衡量自己以及如何评估周围的形势。如果你是属于前者，那你总是希望自己的问题自己解决。你很少会去征求别人的建议。你会根据自己的判断、感觉和观点来作出决定。你不需要别人的认同。事实上，即使别人向你表达认同、感谢或者赞许，你都可能会对此心存怀疑。你也很清楚自己做事的能力。事情做得好还是不好，你都非常明白。一切判断也是基于你自己的标准，而非外部的证据。在那些"外部参考型"人的眼中，你看起来孤傲、冷漠，且过于自信。

- 优点——即使没有别人反馈或表扬，也能保持充足的动力和激情。

- 缺点——内在标准可能会凌驾于甚至磨灭外在证据；忽视证据、事实以及他人具有建设性的建议。

"外部参考型"总是会根据别人的意见来衡量自己，很重视别人的意见和看法，并总是竭尽全力去获取别人的看法。在"内部参考型"人的眼中，你缺乏主见，依赖性强。面对困难时，你总是希望从他人或其他地方获得事实、证据、意见和建议。

- 优点——根据具体事实、证据或任何来自于外部的因素（甚至是别人的良好感觉）作出决定；能够提供卓越的客户服务和帮助。

- 缺点——如果缺乏外在反馈意见，则会忐忑不安、优柔寡断；需要不断获得反馈意见才能取得进步。

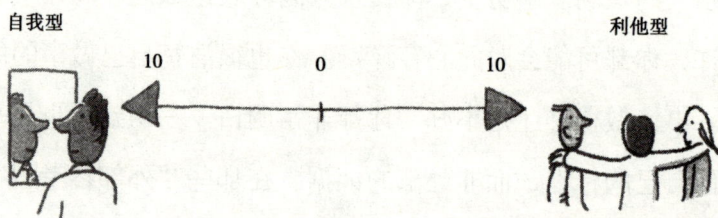

自我型　　　　10　　　　0　　　　10　　利他型

"自我型"和"利他型"价值观

谁最重要——你自己还是你的团队、家庭、组织？如果你是"自我型"，你肯定张嘴闭嘴皆提"我"或者"这对我有什么好处？"你认为人完全能够自己照顾好自己。你只替自己冲咖啡，排队时总是往前挤，最后一个巧克力也留给自己，一切决定都以自己为中心。

- 优点——自食其力，把自己照顾得很好；避免牵涉到他人的麻烦中。

- 缺点——不具备良好的团队精神；有时会被视作高傲或自私。

"利他型"的人总是为别人考虑，非常在意别人是否高兴、舒适，有时甚至会忽略自己的需求和感受。你替别人冲咖啡，排队时总是往后站。你谦让有礼，真心关心他人的利益。作决定时，也是处处为他人着想，丝毫不希望为别人带来任何不快或不适。

- 优点——良好的团队精神；关心他人的需求；适合从事看护类型的职业。

- 缺点——个人利益可能会因为以他人为先而受到侵害；总是以别人为出发点来作决定，因此在别人眼中显得难以预测、不可捉摸；重视团队甚至胜过工作本身。

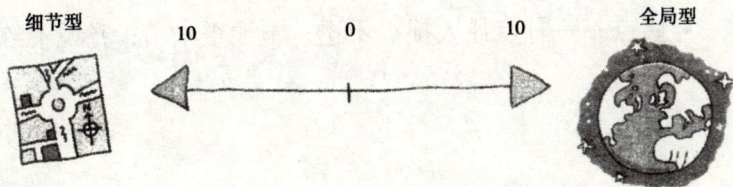

细节型　　10　　0　　10　　全局型

"细节型"和"全局型"价值观

如果你拥有"细节型"价值观，那你就是一个非常注重细节的人。你总是想面面俱到。但是过度注重细节也会让你忘记总体目标。

- 优点——注重细节，善于发现小错误；擅长处理文案工作。

- 缺点——容易受"细节"拖累；常常沉浸于"细枝末节"之中，不知不觉偏离总体目标；常被视作挑剔之人并且有点迂腐之气。

相反，具有全局观的人会从大局出发，从宏观的角度看问题，避免细枝末节。碰到细节问题，你宁愿转换话题，或是顾左右而言它。

- 优点——会是优秀的策略家或概念设计者；总会有绝妙的点子。

- 缺点——有点让人捉摸不透；不注重细节；光说不练。

成功实例

基默拥有"选择型"和"全局型"价值观。而她的搭档拥有"细节型"和"程序型"价值观。每当基默看到搭档高效率地制订旅游计划，并且处理好各种细节时，总是羡慕不已，自愧不如。她这位搭档总是先认真研究各种旅行宣传小册子，再认真筛选，然后才确定最为理想的旅游目的地，这一切看起来毫不费力。但是每当基默想要模仿时，总会被各种不同的选择弄得头昏脑大。原因正是不同的价值观。基默趋向于全局思考，对每种选择方案都持开放性态度。因此，当她最终认清自己与搭档不同的价值观时，终于抛却烦恼，把这些细节工作交给了自己的搭档。

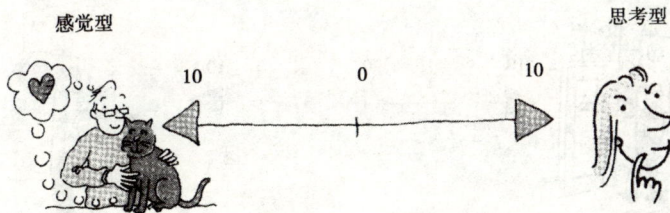

感觉型　　　　10　　　　0　　　　10　　　　思考型

"感觉型"和"思考型"价值观

"感觉型"的人总是很情绪化，并且凭靠自己的直觉来作出决定。"感觉型"感情相当丰富，情感渗透了人生的方方面面。

● 优点——作决定时会考虑到别人的感受。

● 缺点——情绪化；别人有时会怕触碰到你那敏感的情感之弦而对你避而远之。

"思考型"的人能够避免受到情感的影响，理智地处理事情。

● 优点——基于事实，并通过逻辑分析与评估作出决定。

● 缺点——容易给人造成冷漠的印象；说话做事有时会不顾及别人的感受。

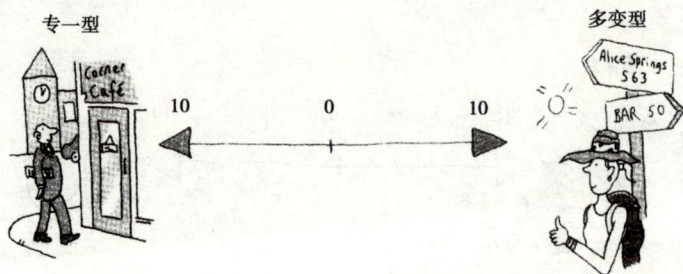

"专一型"和"多变型"价值观

"专一型"的人每年去一个地方度假；每天走同一条线路上班；常去最喜欢的餐馆并有一个固定就餐座位；每周的同一天晚上吃同一种食物；遇到新事情时，总会回顾参考以前类似的事情。重复不会让你生厌，反而会给你带来舒服的享受和熟悉的感觉。你很可能会在同一工作岗位上干很多年。

- 优点——对于重复的事情，总是能够顺利地完成。

- 缺点——在别人眼中，你不愿冒险；不愿尝试任何新鲜事物，即便是对你大有益处的新鲜事物。

"多变型"的人总是在不断探索着新鲜事物。他们很少去同一个地方两次，去餐馆就餐也总是想试试新的菜式，度假也要去从没去过的地方。这类型的人很容易感到厌倦。因为追求新鲜多变，所以经常更换工作。

- 优点——乐于尝试新事物、新观点；有着丰富多彩的人生经历。

- 缺点——常常是为改变而改变；不明白改变也要"适可而止"的道理，好好的就没有必要去改变；缺乏稳定性。

成功实例
> 马丁已经意识到他具有"多变型"价值观。每隔几个月，他就会厌烦自己的工作，然后去找新工作。他知道这种性格不利于他获得成功，于是便决定要努力控制并且尽量去适应这个社会的价值观。现在，每当那种喜新厌旧的情绪冒头时，他都能立时察觉，然后再去妥善处理。

让我们学以致用吧

我想现在你应该对自己的内在价值观有些了解了吧。或许，你已经可以游刃有余地使用某些双向箭头线两端的价值观了。如果你只能在双向箭头线的一个方向上找到自己的价值观，那也就意味着你只可能在某些情况下获得成功，而在另外一些情况下，则会身处劣势。如果你能灵活运用所有的价值观，就可以所向披靡，无往不胜了。

内在价值观的不合常常会导致误解冲突，剑拔弩张。

内在价值观的不合常常会导致误解冲突，剑拔弩张。人们常说的"性格冲突"往往就是由于价值观不合或是对后设程式的误解所引起的。

许多感情破裂都是由于"及时型"和"计划型"价值观的错配造成的。比如说，"计划型"丈夫已经准备出发与朋友共进晚餐了，而"及时型"妻子还在煲电话粥，看起来一点也不着急。此时，丈夫会感到自己的尊严受到了挑衅，于是大发雷霆。而妻子却对此无法理解。类似的事情不断上演，最终导致一段感情的破灭。

同样，要是你在一个"全局型"价值观的人面前喋喋不休地叙述着你的职场经历、健康状况，或者是家庭琐事，对方一定会面色铁青，一脸不耐烦。如果让"选择型"价值观的人去执行什么五步计划，他一定会非常沮丧。同样，一个经常迟到，做事毫无计划的人也一定会惹恼那些凡事都要规划的人。不同的价值观结合在一起便导致不同的行为模式。而在工作中将价值观冲突的人搭配在一起就会产生矛盾。

这些内在的价值观都只存在于人的潜意识中，因此当你的行为与这些价值观相违背时，你就会隐隐感到不适。你甚至会对自己说：

- 为什么我开会老是迟到呢？

- 为什么莎莉和保罗每次都提前制订好旅行计划，定好机票和酒店，而我却总是被一堆旅行册搞得眼花缭乱、头昏脑胀？

- 我讨厌我的工作，至今没跳槽是因为无法确定新工作是否让我满意。

- 为什么我做事总是半途而废，还没做完一件事就开始做另一件事呢？

- 我似乎从来没有下定决心去做任何事情。

- 无论我多么努力都难以获得上司的赏识。

你的内在价值观拖了你的后腿么？

上面都是关于内在价值观冲突的例子，这些例子说明当事人由于只具备箭头线一端的价值观而不能在工作和生活中游刃有余。下面的小练习能帮助你找到价值观冲突的原因。

找出由内在价值观所造成的冲突

第一步

根据以上对价值观的描述，找出自己在双向箭头线端头的价值观，并写在下面。

价值观：＿＿＿＿＿＿＿＿＿＿＿＿＿＿＿＿＿＿＿

价值观：＿＿＿＿＿＿＿＿＿＿＿＿＿＿＿＿＿＿＿

价值观：＿＿＿＿＿＿＿＿＿＿＿＿＿＿＿＿＿＿＿

第二步

回想一下与他人发生矛盾的情形或是某项让你感到力不从心的任务或责任：

当时的情形是＿＿＿＿＿＿＿＿＿＿＿＿＿＿＿＿＿

第三步

想想在当时的情况下你扮演了什么样的角色，第一步中的哪一条价值观是导致冲突的原因。想象一下，要是从双向箭头线的另一个方向采取行动的话，当时的情形是否会完全不同。不着急，好好想一想。也许采取完全不同的行为会让你稍感不适，但是这标志着你已经懂得灵活应变了。

你的价值观将决定你为人处世和接人待物的态度。如果你曾经信任的朋友背叛了你，那么不同的价值观会导致不同的反应：你可能永远不再相信别人；也可能只会有条件地相信别人；你也可能选择继续相信别人，并且希望有一天背叛过你的人也会意识到这一点，为自己的所作所为感到后悔遗憾。每种不同的反应背后都是一种价值观，而价值观又来自于你的人生经历。

调整你的内在价值观会让你拥有更多的选择

如果你认识到自己的内在价值观，那你的生活就会发生改变。但是有时，仅仅是"认识到价值观"还不够，只有改变你的行为方式才会为你带来真正的变化。大多数的行为都是习惯性行为，因此你需要打破旧的习惯，并且通过不断重复来培养新的习惯。

成功实例　　　　盖里属于"远离型"和"外部参考型"。多年来，他总是尽量规避风险。只有在确保万无一失的前提下，他才会作出决定。再加上"外部参考型"价值观，他一直对自己所作的选择有一种不确定感。15年前，盖里选择了目前从事的工作，并非是出于热爱，而是生活所迫。15年前的这个决定让盖里一直从事着一份自己并不喜欢的工作，他避免出席与内心相抵触的场合，甚至避免与上司碰面。

盖里逃避困难的习惯和犹豫不决的性格为他带来了无尽的烦恼。最终，在NLP的帮助下，他终于鼓起勇气改变旧习，开始寻找一份对他而言更有成就感、更有趣的工作。现在的盖里看起来容光焕发，年轻了许多。

如果你已经养成了一种习惯，那么，要按照这种习惯彻底相反的方式来行事肯定会让你感到非常别扭。这种改变会让你觉得无所适从、不自然，而且还会产生不适感，总觉得哪里不舒服、不对劲。于是，你想重拾老习惯。千万不要！你一定要提醒自己，想一想当初为什么要做出改变。只要你不断重复新的行为方式，就会逐渐养成新的习惯，那种不适感也会随之慢慢消失。你就权当这些不适感是一种信号，它意味着你正在抛弃那些陈规陋习，逐渐培养出良好的新习惯。

温馨小贴士　　关注一下自己的用词，特别是"必须""应该""需要"这类词。这些词是否对你产生限制？那些所谓重要之事是否真的那么重要？如果对"必须""应该""需要"做的事情淡然处之，又会发生什么？如果你不再一味要求事事必须如何如何的话，是否会有什么更好的改变？请不断重复新的行为方式，养成新的习惯吧。你越是频繁地重复某种行为方式，你就能越快地养成一种新的习惯。观察一下你欣赏之人是如何说话行事、接人待物，然后尽量模仿他们的行为习惯和说话方式。这样会省去你独自苦苦琢磨探索的时间，帮助你尽快养成新的习惯哦。

第 2 章

耳听不一定为实

人的想法与价值观是性格万花筒的重要组成部分，二者总是息息相关。例如，一个有信任感的人会认为：

- 人们值得信赖；

- 规则没有存在的必要性；

- 大家都能够妥善安排工作计划和增强工作创意能力；

- 孩子们说要回家就一定会做到。

反之，一个缺乏信任感的人会认为：

- 傻子才彼此信任；

- 人们企图伤害我；

- 我必须时时刻刻防着你，因为你不值得信赖；

- 孩子们该回家时，我必须给他们打电话。

一种想法的形成不需要太多经历。这些想法可能来自于人的个人经历。但实际上，一种想法的形成并不需要太多经历。比如说，约翰晚归多少次后，他妈妈就会认为"约翰老是放学后不直接回家"？你被别人忽视了多少次后，你就形成"那人要么不关心我，要么傲慢自大"的想法呢？我们并不是在说所有的这些想法都是错误的、不合时宜的。但如果测试一下这些想法，看看它们是否是限制你发展的障碍，这也不失为一件好事。一旦你形成了某种想法，别人很可能会真的顺着你的想法去发展了。比如说，如果约翰觉得他妈妈老认为他会晚归，那么他最后就真的养成晚归的习惯了。如果你老是说约翰懒，那么约翰可能真的就变成个懒骨头了。大脑里装着限制性的想法就像是带了一副有色眼镜，你只会看到你想看到的，忽略一切反驳你的证据。你会去寻求证据，证明你的想法是对的。如果你的想法是积极的（比如："约翰有发展的潜力"），那就万事大吉。但如果你的想法是负面的呢？想一想，要是你总认为"约翰没什么发展前途"会带来什么后果？

制约性的想法是否限制了你的思维？

是谁在摆弄你的思想万花筒呢？谁把这些局限性的思维强加给了你呢？毫无疑问，你身边的人能够摆弄你的思想万花筒，改变你的想法，影响你的行为方式。

成功实例　　一对母女一起参加一个培训课程。正要开始身体锻炼时，母亲转过头来对女儿说，你一定不行，你协调性一向不好。

幸运的是，老师听到了她们的谈话，于是叫女儿从屋子这边走到那边。结果，她做得好极了，优雅极了，赢得了大家的掌声。这说明她具有良好的协调性。但是想一想，要是有人不断地告诉你你没有协调性，你会怎么样呢？列出这些强加在你身上的限制性思维，看看哪些是你应尽量避免的。

现在请回想一下你的学生时代。哪些事情是因为你自己事先认为做不好，最后真的没做好，或是最后干脆放弃不做了？你的老师、父母和同学有没有把一些制约性的想法强加于你，或是帮你养成了一些制约性的想法呢？想一想要是你没有受到那些制约性想法的束缚，现在还可以做哪些事情呢？

现在来看看职场，有多少人是因为公司经理制约性的想法而被限制了发展呢？我们的研究发现，这一数据相当的高。一些经理不会去鼓励、激励员工，他们甚至也不承认下属优秀的表现。原因之一是他们过分相信自己的能力；其二，他们对员工的能力抱有成见。其实，帮助团队建立一个

积极向上的价值观能让同事之间产生积极的态度，最终这一
积极的态度还将渗透整个公司，促进公司的发展。所以，如
果你能够发现并改变那些制约性的想法，那你就会取得更大
的进步。

> 如果你能够发现并改变那些制约性的想法，那你就会取得更
> 大的进步。

一种制约性的想法只是你思想万花筒的一小部分。往往
是一系列类似的负面想法集结在一起，最后为你带来很多不
快的情绪，比如厌恶、相互指责、愤怒、缺乏自信，等等。
因此，掌握自己的思想万花筒是获得成功的关键。我们前面
提到的那个小女孩的例子就是一个很好的证明。经过练习，
她能做往空中扔三个球然后交替用两个手接的杂耍，并且持
续 10 分钟不掉球了。谁还能说她没有协调性呢？

想法有时会制约你的发展，但有时却能成为发展的巨大
动力。那你的想法是有益还是有害呢？如何找到那些制约性
的想法？找到后又能做些什么呢？请接着往下读。

成功实例

一位女士最近告诉我，她想"拼命工作挣钱"。她这种想法是来自于"挣足够的钱，让家人有安全感"这一价值观。但对她来说，社交以及与家人相处也非常重要。然而，最近她养成了深夜和周末加班的习惯。她越来越不开心了。

当她意识到"拼命工作挣钱"这个想法给她带来烦恼和压力后，她决定摒弃这个想法。现在，她一边享受着工作给她带来的成就感，但同时也会抽时间和朋友去听场音乐会或是陪陪家人。很快，她形成了一种新的价值观，一个更强大的价值观，那就是"与朋友的相处也能给我带来一直追求的满足感"。而这一个想法随之而来给她带来了一系列新的理念，她明白了自己想做什么，不想做什么。就像多米诺效应一样，工作理念的变化导致了一系列信念的改变。

怎样识别制约性想法?

这或许只是一个小小的改变,但是有些想法相当固执,甚至连最严密的逻辑也没法解释。所以,首先你要明确自己有哪些制约性的想法。制约性的想法有时只是一小句话:

- 我不能……

- 人应该……

- 他们不希望……

- 每个人都认为 / 没人认为……

下面是一些制约性想法的典例:

- 我无法与人保持一段长期的关系;

- 人们总是不听我的;

- 他很容易分心;

- 学习外语很难;

- 我数学老学不好。

下面的小练习能帮助你改变那些制约性的想法。

甩掉无益的想法

每当你出现上面类似的想法时,就做做下面的小练习吧。

以下三步能够帮助你摆脱那些局限性的想法。

第一步

找到这些想法的根源。回答下面的问题：

● 我是否常常出现这种想法？

● 这种想法从何而来的？

● 现在还有这种想法么？

● 有什么证据来支持这种想法？

● 谁有相反的想法？

● 有没有证据证明这种想法是不真实的？

● 这种想法有没有可笑之处或是不可理喻的地方？

第二步

找到另一种想法来替代你现在的局限性想法。好好想想那些能为你带来更多选择的想法吧。多做些尝试，直到你找到最适合你的那个想法。不过，要保证你的新想法是积极的——比如，"我能学好一门外语，每一堂课我都有所收获。"

第三步

实践你的新想法吧。想象一下事情将会变得有何不同。想象一下新想法会给你带来什么变化。是不是觉得倍受鼓舞呢？是不是感觉良好呢？还可以再试试其他的想法，然后问相同的问题。最后选出让你真正感觉良好的想法。在实践新的想法之前，考虑一下这会给身边的人带来什么影响呢？

恭喜你，你已经掌握了自己的思想万花筒，摆脱了那些束缚你的想法，并且获得了更加积极的价值观。更加可喜可贺的是，时间一长，这种新的思维方式将会成为一种习惯，而且还会不断产生有益的想法。

温馨小贴士　　把你的想法和价值观想象成一棵树吧。价值观就是那结实的树干，而各种想法就是树上结的果实。有时，果实很新鲜光亮、味美有营养。有时，果实也会慢慢腐烂，从树上落下，不再味美诱人。因此，不妨偶尔摇一摇树干，让那些腐烂的果实掉下来。

第 3 章

改变你的思维方式——好心情的秘诀

每当焦虑、迷茫、困惑、愤怒或是沮丧的时候，人就会变得紧张，感到压力。这些负面的情绪会阻碍人的潜力。不管你身处何种困境，只要有这些情绪，就不可能发挥全部的才能。请回想一下你最近一次感到紧张和压力是什么时候，当时你在想些什么？人的情绪源自于想法。每一个想法都会产生一种情绪。因此要控制情绪，首先就要控制思维和想法。

咱们来做个小试验。请你静静地坐好，想一想你曾经做过的让自己倍感难受的一件事情。回想的同时请注意一下自己有何种情绪冒出来。现在，请深吸一口气，再回想一下你曾经做过但却倍感舒服的一件事情。回想的同时也请注意有何种情绪冒出来。

刚才的这个小试验让你回忆了一下带给你截然不同情绪的两种情形。现在你可以将想象力和情绪结合起来，从而尽量控制自己的想法，尽量引导自己去积极思维。在任何情况下，人的情绪都会直接影响其个人能力。

你可以将想象力和情绪结合起来，从而尽量控制自己的想法。

起作用的是首先冒出的想法

所有的事情都始于一个想法。一个想法总会产生出很多类似的想法。最后这些想法会转变成为人的思维模式，最后形成思维习惯。这些习惯体现在很多方面。科学家认为显意识最多只能同时处理七条信息，并且很快就不堪重负。也就是说，如果你的显意识里装满了会产生负面情绪的悲观想法，你的大脑里就再也容不下其他东西了。你可以通过控制自己的思想来有意识地选择积极的想法。如果你经常这样做，还会建立起能够有效运作的潜意识。

控制思想的第一步就是要了解思想是如何产生的。当人思考时，大脑里会有一个内部选择程序。如果把周围发生的每件事情都存入大脑的话，那它早就不堪重负了。因此，人会选择那些相对重要的信息而忽略相对次要的信息。比如，你不妨回想一下最近一次的谈话内容，或是最近看的一部电视剧内容——你还记得多少呢？你最多只记得个大概，以及那些最让你感兴趣的内容吧。你绝对无法回忆出每一句话。大脑的内部选择程序会挑选一些它希望保留的图像和声音，并将其与你当时的情绪和看法结合在一起储存起来。

这就是你对现实独一无二的看法，它包括图像、声音、感觉、嗅觉及味觉。通过对事物的外在感觉和内在思考，你形成了对事件的个人理解和看法，并根据你的个人理解做出决定和判断。你对事物的独特视角被称为你的"内部表象系统"或"拟实地图"。

让我们来看看这些"内部表象系统"的组成部分。首先是视觉。

与你的视觉图像合作

先重温一下过去美好的回忆吧。把美好的回忆定格，然后再接着往后读。

请描述一下定格在大脑中的这幅图像。它清晰么？是彩色的么？图像有边框么？是动态的么？图像的颜色是明亮的、暗淡的，还是灰暗不清的呢？还能看清楚细节吗？你熟悉这幅画面吗？你自己出现在画面中了吗？

正如仔细观察一张照片或欣赏电影的每一个细节，你也能够看清定格画面的每一个细节。这些细节与画面本身无关，而与画面的品质有关。人的想象力与改变画面品质的能力是无限的。如果你经常做这种练习，你就能随心所欲地改变图像的品质。人们往往会忽视脑海中的图像，但它其实始终在那里。你若是使用得当，它还能帮上你的大忙呢。

> 想象力与改变画面品质的能力是无限的。

成功实例

哈瑞特即使下班也无法将工作抛之脑后。想到老也做不完的工作琐事，她的压力越来越大。

在我们对她进行心理辅导的过程当中，我们发现哈瑞特特别喜欢漂亮的事物。因此，我们让她每天下班后，想象一下：用漂亮的包装纸把那些没有完成的工作包起来，再系上一根漂亮的蝴蝶结，第二天上班的时候再打开，然后继续完成没做完的工作。哈瑞特照做以后，现在感觉轻松多了，工作效率也提高了很多。

那么，你也不妨开始利用你脑海中的图像吧，看看它可以多么轻而易举地就改变了你的思想和情绪！

摆脱坏情绪

在任何情况下，只要你拥有足够的自信或是自控能力，你就会很容易摆脱那些负面的情绪。面对困境时，人总是容易变得紧张、沮丧或是不自信。情感的压抑会消耗掉许多能量，让人心情沮丧。在过去，你或许对此无能为力。每当这种情绪产生时，你就会"自我封闭"，丧失冷静思考和理性思维的能力。这时，你脑子里只有一个想法，那就是：挣回颜面，或是寻求认同。可能这样封闭一两次，你就会形成一种定向思维模式，习惯性地产生负面情绪。不过，下面的技巧可以帮助你把坏情绪一扫而光。

扫除坏情绪

回想一下你不开心的某个时候。注意脑海中出现的第一个画面，然后迅速把这个画面拉远。想象着它越变越小，最后成了一个小圆点，直至消失不见。就好像宇宙飞船一样，嗖的一声，在不到一秒的时间就消失得无影无踪了。对所有不开心的经历你都可以这样做，把它们全部发送去外太空吧，让它们消失殆尽。现在，是不是感觉好多了？

成功实例

> 约翰具有"远离型"的价值观，因此每当预感到有什么可怕的事情要发生时，他就会感到非常沮丧。当他清晨遛狗时，脑海中就会浮现出那些想象出来的可怕情景。结果，他感觉糟透了。
>
> 在我们给他进行心理辅导时，我们建议他遛狗的时候尽量去欣赏周围的美景，或是回想一下过去发生的美好事情。

选择不同的反应

当你使用上面的技巧清除了负面影像之后，就重温一下那些美好的回忆吧。此时你脑海中一定会浮现出一幅多彩、美好的画面。在这幅画面中，你是多么成竹在胸、踌躇满志。请将这幅画面拉近，并再次步入这个画面。现在，好好地享受这份愉悦的心情吧！

倾听你内心的声音

其实，我们不仅可以让画面在脑海中重现，也可以让声音在脑海中重现。回忆过去时，你耳畔是否响起过熟悉的声音；设想未来时，你耳边是否响起人们的谈话声。这种内心的声音时而单独出现，时而伴随着图像。

你内心的声音是什么？你内心会不断重复什么话吗？

人内心的声音非常强大，它对人的情绪有着直接影响。许多情感都是通过说话的语气传递出来的，无论你是用嘴说还是用心说。

设想一下，如果哪天你把自己内心的声音都录下来，然后再放出来，这些声音能够激励你么？

你也可以像处理影像画面一样来处理你内心的声音。当你设想未来时，你可以尝试以下的技巧。当然，这些技巧的使用范围很广。你可以用这些技巧来控制情绪，随时随地让情绪跟着你的心走。清晨起床，你想要什么样的心情？周一去上班，你想要什么心情？当朋友惹恼了你，你

> 人内心的声音非常强大，它对人的情绪有着直接影响。

又想要什么情绪？到底你能为自己创造出多少"心声"呢？

用内心的声音去改变你的情绪

想一件即将发生且十分重要的事情。当然，此事定会影响到你的情绪。现在，再根据情况选择一个恰当的声音来述说这件事。

好了，请用你选择好的声音开始内心的对话吧。如果你是自信坚决、志在必得，那么，你就选择一个英雄人物的声音，叙述开始了："今天对我来说，是个大日子。我一定要态度强硬，必须得到清楚而肯定的答复。我要毫不退缩、集中精力、不顾一切地完成既定目标！"然后，调高音量，再说一遍。你还可以不断调整语气和节奏，直至内心感到无比自信和坚定。

如果情况刚好相反，你也可以把音量逐渐调小，让声音渐渐消失。比如，你内心不断重复着一些丧气话，告诉自己事情又搞砸了；或者工作琐事总是缠绕着你，让你彻夜难眠；这时，你就把内心那个声音的音量调低，让它慢慢消失。你也可以把那些消极的声音想象成从喜剧人物的嘴里说出来，比如说辛普森，或是米老鼠。很快，你就会发现消极的情绪烟消云散了。

慢慢地，你会发现自己完全有能力自由控制脑海里的声音了。你可以随心所欲地让电影明星、卡通人物来为你的内心对话配音，或者干脆让大脑沉浸在交响音乐中。好好享受吧！

心情好极了

我们每天都会经历事情，而对事情所持的看法和态度就决定了我们在那一天会产生的情绪和感觉。这属于情感的范畴，心理学用"动觉"来表示这种情感。

想象的事物和真实发生的经历都与人的情绪和感觉有关。比如说，如果你与同事发生争执，或是与商店售货员意见不合，你产生的情绪便是基于大脑记忆中对待类似事件的反应模式。大脑的记忆包括视觉、听觉、动觉等元素，有时还包括触觉和味觉。而情感的产生则总是和某种特定的思维模式有关。比如说，一个人若是脑海中浮现出了阴暗、模糊的画面，并且内心的声音在不断提示"前方困难重重"，那他肯定会产生忧虑感。想象一下，你若处在相同境遇，但脑海里浮现出的是鲜艳、清晰的画面，耳畔响起的是激动的话语，你会产生什么样的情感？这会是多么鲜明的对比啊。

人有很多种情绪，比如激动兴奋、郁闷失落，或是伤心沮丧。我们有许多方法和技巧能够帮助你控制情绪，让你在情感方面心想事成：痛苦记忆再也不会给你带来负面情绪；你想要什么情感，就会产生什么情感。

用你最好的经历为你制造一个好心情

一种特定的情绪和一种特定的想法相结合是非常偶然的。人的情绪总是会受到周围的人或环境的影响。一旦一种想法和情绪挂钩，那就很难分开。从此以后，每当这种想法出现，相伴的情绪也会出现。比如，每次你看到度假时拍的一张照片，就会回到当时的心境；如果一个人曾经给你带来负面的情绪，即使你在电话里听到他的声音，也会产生负面的情绪。

这种与思想锁在一起的情绪很容易在人的记忆里落地生根。比如说，如果你和一家商店的售货员曾发生过激烈的争执，你会发誓再也不去那家商店了。以后每当有人提到那家商店的名字，你都会产生当时的那种情绪，即使那场争执已经过去很久很久。

思想和情绪相结合的过程其实是人的自动控制系统——潜意识的一种自动表现。二者相结合的结果就是所谓的"状态"——这不仅仅指的是人的心态，而且包括了心灵和身体的状态，因为想法和情绪决定着身体是放松还是紧张。那么，我们是否可以利用这二者的结合来随心所欲地创造出良好的状态或是情绪？换句话说，我们是否可以选择把某种特定的情绪以及状态与思想挂钩？是否可以培养诸如勇敢、自信、冷静、坚决、乐观、专注、开心、好奇等情绪？是否可以构建良好的学习心态、生活心态和工作心态，让自己心胸开阔、精力充沛、具备领导风范、充满父爱或母爱、无私博爱等？答案是肯定的。只要你掌握书中简单的技巧。

成功实例

路易斯需要定期向董事会汇报情况。但每次汇报都会让她倍感压力，而且这种压力与日俱增。有一次，她想出一个能为公司节约一大笔资金的创意。对此，她又开心又紧张。开心的是，这个创意很好；紧张的是，她又得面对董事会。尽管紧张，路易斯仍然非常希望向董事会汇报她的创意。

通过心理辅导，我们帮助路易斯找回了自信感。我们让她先回忆一下曾经有过的自信感觉。然后，让她把这种自信感与董事会会议室的门把手联系起来。这样，只要她碰到那个门把手，就会情不自禁地找到自信的感觉。最后路易斯自信满满、不慌不忙地向董事会陈述了她的建议。

设心锚（设感应点）

先想想你此时需要一种什么状态。我们姑且把它称作"状态 X"。准备好后，就可以开始进行下面的练习了。整个过程中你都要保持注意力高度集中，千万别偷看后面的内容哦。

热身练习

现在，请将"状态X"和你身上的某一部位联系在一起，比如捏一捏耳朵或是手指。选一个你不太容易经常碰到的部位。好了，这个部位就成了你触发这种状态的心锚或感应点。

具体步骤

1. 回想一段让你产生过强烈的"状态X"的情景，在脑海中不断重复这段情景。你可以选择任何情景，只要它让你产生过强烈的"状态X"。（如果没有这方面的经历，那就凭空想象一个情境出来吧）请留心脑海中画面的画质和音质，因为待会儿你需要这些内部表象系统来强化"状态X"。做练习时不妨闭上双眼。

2. 请将脑海中的画面定格在你面前，摆放的高度最好略高于眼睛的水平线。一定要确保画面中有你。

3. 为这个画面装上画框。想象画面的色彩明亮、清晰，对比强烈。如果还有声音的话，就调整一下音量和音质，让美妙的声音如同交响乐般，在整个画面中回响。

4. 进一步强化画面的色彩、亮度和明暗对比度。

5. 慢慢拉近画面，直到你看不到画框，自己整个人进入到这个画面之中。这时，你会感觉"状态 X"到达了顶端。现在，请轻捏手指（或耳朵或者其他设想好的"按钮"）。当"状态 X"慢慢消失时，请放开手指。

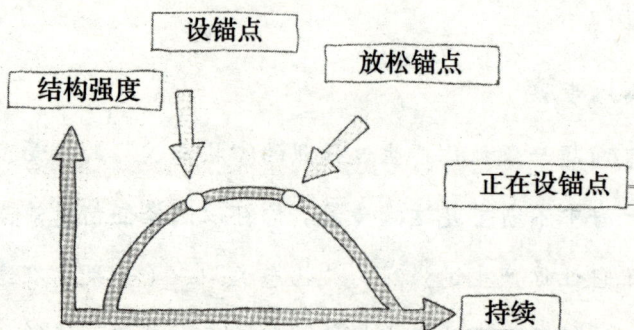

6. 现在，深吸几口气，调整一下状态。待上几分钟，再请捏手指——启动"状态 X"。好好体验一下！多试几次，适应并巩固一下这种连接。注意，每次调整状态时，都要做几次深呼吸。好了，现在你可以通过启动按钮，随时找到"状态 X"！

正如前面（步骤 1）所说，你也可以凭空想象一个情境来测试"按钮"的使用。虽然过去你从未有过"状态 X"，但也许将来有一天你会需要这种状态。具体操作步骤也是一样的。记住，成功的关键在于把握这种情绪的强度，找准设置按钮以及启动按钮的时间。

当然，我们不仅能够创建带来积极情绪的按钮，而且还可以创建驱除消极情绪的按钮。例如，与他人交往时候，你有过不愉快的经历；工作的时候，你也曾自卑难过、失望沮丧。这些不愉快的经历都会给你带来消极的状态，抑制你的潜力，关闭你的心扉。即使那些不快的经历已经过去很久，但是你依然清楚记得当时的感受，这种记忆会唤起相同的情绪。反过来，它又会恶化那本已糟糕的状态，从而最终形成一种顽固的习惯。类似情形一旦出现，就会触发你内心的那根弦，最终形成局限性的行为模式。下面的技巧将通过空间和物理位置来帮助你摆脱那些负面消极的情绪。你并不需要把那些坏情绪留在记忆里——你可以把它们销毁掉，并且只要你愿意，你还可以用积极的情绪取而代之。

成功实例　　通过我们的心理辅导，菲尔意识到他与同事萨拉的不合完全是自己的原因。因为，他每次碰到萨拉，都会不由自主地产生戒备甚至是攻击心理，萨拉自然能感觉到敌意并且还之以颜色。两人每次都会闹得不欢而散。

　　通过我们的心理辅导，菲尔创建了驱除消极情绪的按钮，学会采用一种全新的方式与萨拉打交道，让两人关系恢复正常。

驱除消极情绪

1. 在地上画两个方框，相距 2 米宽。

2. 在其中一个方框里面标注减号，在另一个里面画上加号。

3. 站在减号上，回忆一段不愉快的经历。花一分钟左右的时间来描述这段经历，描述的同时要留意自己的感受。

4. 现在，深吸几口气，快步走进加号方框，回忆一段愉快的经历，尽量仔细回忆，想想细节。花一分钟左右的时间来描述这段经历，留意画面和画面中的声音。强化画面的色彩、大小、清晰度、明亮度和音量，等

等。然后将画面拉近，感受那扑面而来的愈发强烈的
愉悦情绪。享受一会儿，然后再慢慢放松。

5. 继续站在加号上，然后再将刚才不愉快的记忆温习一
遍，你会发现原先的消极情绪已经消失殆尽。你消除
了消极情绪与想法之间的联系。

治疗恐惧症

恐惧症在人们的日常生活中很常见。它会让人肌肉紧张、血压升高、惊慌冒汗、头晕目眩。人一感到恐惧，内心的声音和图像就会朝着不好的方向做出预测。恐惧是非理性的害怕，因为理性的害怕往往是由真实发生的事情引起的，例如房屋失火等。但正是由于恐惧是非理性的，它才更容易被我们克服。NLP 能够有效治疗各种恐惧症，包括恐桥、恐密闭空间、恐苍蝇、恐蜘蛛、恐蜜蜂、恐鸟、恐蛇、恐青蛙，等等。甚至还包括对浴室里湿漉漉的头发、橘子、香蕉等产生恐惧感

NLP 能够有效治疗各种恐惧症。

的奇怪恐惧症。

　　经验告诉我们，许多人都试图掩饰自己的恐惧感，并且尽量避免置身于让自己感到恐惧的场所。因为连他们自己也认为这种恐惧很可笑，担心自己的激烈反应会造成尴尬的局面。更深层次的分析认为，这种逃避心理会对他们的自尊心产生负面作用，因为恐惧症通常被认为是一种弱点。事实上，任何恐惧症背后都联系着导致这一恐惧症产生的情景。例如，鲍尔小时候吃橘子时，曾被噎着过。于是，他潜意识里就将负面情绪与这段经历联系在了一起。最终，这种负面情绪逐渐发展成对橘子的恐惧感，以至于到最后他一看到谁在剥橘子，就会立刻离开，避之不及。他认为如果自己再吃橘子，也一定会再被噎着。

　　要测试一个人是否真正患有恐惧症，而不是单纯的害怕，其实很简单。如果你一想到自己害怕的东西就产生强烈的身体反应，那么你就真正患上了恐惧症。

　　如果恐惧症已经影响到了你的生活或是自尊心的话，那不妨试试下面的技巧，相信我，成功率很高的。我们建议你在正式开始之前，先熟悉一下整个过程，以便一鼓作气做完整个练习。

成功实例

在一次活动上，科林走到窗边，打算把窗帘拉上，遮住阳光。突然，一只大蜘蛛从窗帘里跑了出来。科林立马跳了起来，并飞快冲到门口。当我们把蜘蛛赶走后，科林才战战兢兢地回到自己的座位上。他感到尴尬极了，并向我们述说他对蜘蛛有着极深的恐惧感，我们建议他接受我们的辅助治疗，并且告诉他治疗时间很短。

经过10分钟的治疗后，科林就要求去捉蜘蛛。我们在温室里找到了一只，而科林近距离(仅隔6厘米)非常放松地仔细观察着它。

恐惧症的快速疗法

发挥你的想象力，迅速做完以下几步，你将和恐惧症永远说再见。

1. 想象你正坐在电影院，黑白屏幕上是一幅静止的画面，你就在这幅画面里，那正是你上一次恐惧症发作时的情景。

2. 想象你的意识飘出了身体，飘到了放映室。从那儿，你可以清楚看见坐在电影院的那个你和黑白屏幕中的那个你。

3. 然后继续播放黑白影片，画面停止在恐惧经历结束之时。现在，将画面换成彩色，再将电影倒着回放：画面中的人们都倒着行走，倒着说话……

4. 想象完毕。做几次深呼吸，然后进行测试，想一下自己害怕的东西，看它们是否还会吓倒你。

换一种思维模式

本章的练习是帮助人们处理与思维紧密相连的情绪，从而让人发挥出潜力。我们知道，人的思维有时也会成为阻碍其发展的拦路虎。这时，不妨将思维重新装裱，换一种模式。正如给画换一个画框会让它焕然一新，重新装裱你的思想——换一种思维模式——也会带来意想不到的效果。

成功实例　　弗兰克一直想让他的小儿子汤姆学会保持房间的清洁，但用他本人的话说，他已经"黔驴技穷"了。弗兰克总是制订出各种规定来要求汤姆，这使得两父子的关系越来越僵。弗兰克每次一生气，就会提高音量，而汤姆就默不吭声。随着父子关系的愈发紧张，汤姆在学校也会心不在焉。弗兰克老是抱怨他不知道该如何管教汤姆。而汤姆觉得与父亲相处起来很困难，这也直接导致汤姆的成绩下降。

我们建议弗兰克换一种思维模式，我们这样告诉他：

你一直希望汤姆能够达到你的干净整洁标准，这给他带来了很大压力，也使得你们父子之间的距离越来越远。事实上，汤姆现在不爱整洁只是他这个年龄段青少年的通病，这恰恰说明汤姆是一个正常的小孩。因此，你就顺其自然吧。这样，汤姆才不会觉得压力太大，也才能把更多的精力投放到学业中去。

　　简言之，我们给弗兰克重新装裱了一下思想。他不再认为"汤姆不爱干净"，而会想"汤姆不爱干净，但小孩子都是这样，这是正常的"。这也让弗兰克认识到，正是他以前的行为让父子俩剑拔弩张。于是，弗兰克不再责骂汤姆不爱干净，而是把精力转移到辅导儿子的课业上来。

　　在刚才这个例子中，"思维改变"意味着对"事物本身"的认识发生改变。有些情况下，"思维改变"意味着对"事情发生的背景"的认识发生改变。例如，有这样的一个人，他对团队里其他同事的想法总是持批判态度。在同事眼里，他是一个很难相处的人。但是，如果事情发生的背景有所改变——比如说，大家通过头脑风暴产生了很多创意和想法，现在需要对各种创意和想法进行评估。此时，那个不受大家待见的人就会起很大的作用。在这种情况下，"思维改变"

并非是对"爱批评别人"这种行为本身的认识发生改变，而是换个背景思考如何更好利用这种行为。打个比方，这就不是给画换画框，而是将画挂在另一个环境中去欣赏。

下面这个例子也能说明这个"不换画框换环境"的道理，涉及的是很常见的夫妻矛盾。

妻子菲奥娜很有时间观念：非常守时，对每天的日程烂熟于心；丈夫迈克却刚好相反：时间观念不强，喜欢节奏缓慢的生活。迈克想取悦妻子，强迫自己赶上妻子的生活节奏，结果，这让他压力大得喘不过气来。

接受我们的心理辅导后，迈克意识到妻子菲奥娜的这种能力有很多妙用：可以用来记家庭成员的生日和购物清单，还可以规划假期，总的来说，就是让整个家庭井然有序。他改变思维角度后，心理压力也随之减轻。现在，妻子仍然一如既往地守时、保持着快节奏，迈克并没有改变对"事物本身"（即"生活快节奏"）的看法，但是他不再强迫自己跟上妻子的节奏，而是坚持自己的习惯。他换个了角度去思考如何更好利用"妻子的习惯"。所以画框没变，画的环境变了。

别那样想，要这样想！

彼之甘露，
汝之砒霜。
　　其实，"改变思维"就是要告诉你自己"别那样想，这样想吧"或"不是那样，而是这样！"每当事情不尽如人意时，你都可以采取这种方法去试一试。

　　"问题"存在于人的思想之中，思想之外只有"客观环境"。把"客观环境"当成"问题"实际上反映了一个人的思维方式。此人之问题可能是彼人之动力。正如彼之甘露，汝之砒霜。因此，正确认识自己所处的环境相当重要。不同的认识会带来不同的结果。

　　我们每天都会用到"这"和"那"两个字。当它们被用来指人或工作的时候，比如"那件工作""这个人"，通常暗示说话人与所指事物是相关还是无关。当你对某个工作或某个人抱有积极的态度，产生积极的心态，就会用"这"。当你对某个工作或某个人抱有消极的态度，产生消极的心态，就会用"那"。这种"事不关己，高高挂起"的心态正是拖沓的源头。如果对于"那"件事，你能置身事外，当然万事大吉。但是一旦你不得不牵涉进去，那么负面抵触的情绪就会伴随着你。在这种情况下，你需要改变思维，把消极的"那"变为积极的"这"，这将对你大有裨益。

转变思维的四大原则：

1. 你与工作和他人的关系到底是"相关"（这）还是"无关"（那），决定权在于你。相较于刻意与工作或他人之间保持一定的距离的"无关"态度，积极的"相关"态度，情感更加投入，更能事半功倍，成功的几率也更大。如果你被迫将"无关"变成"相关"，那么这种被动的"相关性"只会带来失败。换句话说，如果你强迫自己去做某件事情，那么你脑子里肯定充满着抵触情绪，那么你多半会失败。

2. 如果你做每件事情，头脑中都有一个清醒积极的意图，那成功就不会离你太远。其实，人的意图对自己而言总是积极的，但对别人而言可能并非如此。如果某件事情让你觉得不快乐，你的潜意识便会提醒你不要再继续为之，因为大脑意识的积极意图就是"追求开心快乐"。要成功做成一件事，离不开积极的意图以及乐观的心态。缺少这两样东西，你就会行事艰难。正如积极的意图能让你披荆斩棘、取得成功，消极的意

图则会让你瞻前顾后、泥足深陷。你的潜意识会想方
设法让你远离烦心的工作，或是避免和讨厌的人打交
道。在这种避免的过程中，压力和不适也会随之而产生。

3. 如果你意识到某件事情的荒谬性，并对其进行夸大，
这说明你的观点和行为在开始发生改变。其实，人看
待事物的方式多种多样，所以任何事情都有其荒谬的
一面。这一点会在本章最后的成功实例中得到证明。

4. 把"那"换成"这"就是把注意力放到事物的积极面，
并形成积极的意图。阴阳之说也证明：万事万物都必
须包容对立的元素，以实现阴阳平衡。热包容冷，好
包容坏，反之亦然。因此，每一个"那"也必须包含
"这"的成分。如果你把所有精力都放在"那"上，
那就会对"这"视而不见。如果你能把注意力转移到
"这"上面，那你的成功几率将会更大。

某人或某事被看作"那"的原因可能有很多，比如：

- 不喜欢，或是不感兴趣的活动；
- 自认为无法胜任的工作；
- 不喜欢的人或事；
- 与你个人价值观冲突的人或事；
- 你认为很难相处或是容易产生矛盾的人。

荒谬夸大法：让"荒谬"来改变你的想法

任何事情都有荒谬的一面。比如下面这句话：我每天必须在 6 点准时吃晚餐。这就意味着你及家人每天都必须在同一时间感到饥饿，并准时吃饭。这种可能性极低，因此这句话有荒谬之处。

找到自己想法中荒谬的一面，并夸大其荒谬性。当你意识到原有想法荒谬透顶的时候，你就迫切希望除旧迎新，否则只会痛苦不堪。

成功实例

彼特是一位项目经理，他非常注重细节和程序。他与西蒙共同负责一个重要项目。彼特对项目的处理方式让西蒙担心不已。

他俩经常为项目的事发生争执。彼特一如既往地注重细节，而西蒙认为过分地关注细节根本毫无必要。为此，二人经常在会议上争得面红耳赤。两人的冲突甚至已经让西蒙有点失去理智。他开始在整个项目团队面前嘲讽或是批评彼特的管理能力。遇到有人不解，西蒙会说："如果彼特再这样，他就得尝尝我的厉害了。甭担心，我会教训他的。"

为了改变西蒙的想法，我们这样对他说：

西蒙，你似乎还想继续与彼特保持这种糟糕的关系，是吧？你还想继续在背后说他坏话，让每个人都在背后偷偷嘲笑你？别人觉得你像小孩一样幼稚，你也不介意？你对彼特的不满会消耗掉你的激情，让你失去创意和灵感，项目也会因此而遭殃。当然，你已经不会在意项目了，因为对你而言，教训彼特远比友好相处以及项目的成功更加重要。不过，你也会为此而付出代价：以后没有人敢跟你合作；没有哪家公司敢请你做项目。不过没关系，你对这些都无所谓，反正你最重要的事就是教训彼特一顿，对吧？

上面这些话听起来有些刺耳，但是用对了地方，就成了最有效的工具。在这件事中，西蒙处处以自我为中心，因此我们对他的治疗方法必须要比他膨胀的自我更加强大才行。我们让西蒙的思维方式从"需要收拾一下彼特"转为"我的职业生涯要比修理彼特更加重要"。这样，西蒙改变了"教训一下彼特"的想法，并最终改变了行为。

聚焦积极意图

上面的方法可能只对一部分人适用（你不妨一试）。有时，你也需要用事物的积极面来鼓励自己。不管你觉得一件事情或是一个人有多糟糕，但总可以找到一些优点。

成功实例　米歇尔和她的室友有些摩擦，她觉得室友爱管闲事，喜欢干预她的私人生活。其实，她的室友是不相信她找男朋友的眼光。结果，米歇尔对自己的眼光也产生了怀疑，在与异性朋友交往时畏手畏脚，拒绝任何晚上的约会。

　　米歇尔开始接受我们的治疗，她告诉我们她的室友是在嫉妒她，不想让她过好日子。无疑，这种想法给两人的友情制造了裂痕。

　　为了改变米歇尔的想法，我们这样对她说：

　　米歇尔，会不会是你的室友很关心你，不想看到你感情受伤呢？或许她曾经有过一段痛苦的感情经历，所以她不想看到你也遭受同样的痛苦。你总想着她是在嫉妒你，这就让你忽视了她对你的关心。不管事情表面看起来怎样，真实情况可能都不是你想的那样。

　　米歇尔决定仔细观察她的室友，看室友是否真正关心她。她注意到很多以前不曾留意的细节，这些细节正说明了室友对她的关心。两人终于言归于好。事情的转折点是米歇尔的观念从"那"（无关）转换成为了"这"（相关），并且树立积极良好的心态或意图（别把室友想得那么坏），最终使她领会到室友对她善意的关心。

心态的转换——从"那"到"这"

1.有没有什么事情是你非常不愿意做的？所以你碰到这种事情，要么不断拖延，要么就草草完成任务。这件事无论你怎样做，都会产生负面情绪，所以你做事的标准也会降低。

2.做每件事情，头脑中都建立一个清醒积极的意图，并把注意力放在这种积极的意图上。

3.使用"荒谬"夸大法或聚焦积极意图法来转变你的思维。比如说，你可以回想一下自己过去对待这项工作的态度有多荒谬，或者想想这项工作能给你带来什么好处。别总想着事情的消极面，要努力想想积极面。

"这"样的思维方式能够让你找到好点子，并最终解决问题，而不是被"那"样的思维方式拖累，让坏心情影响你的工作效率。

"这"样的思想就能够让你找到好点子，并最终解决问题。

温馨小贴士　　　每种技能都需要反复操练，所谓熟能生巧。你越是经常练习，就越能轻松实现改变：培养有益于你个人发展的思维模式、情绪和行为方式。这么多技巧要掌握，最好重点突出，逐一攻破，不要心急去同时操练多种技巧。

第 4 章

整理你的思想——成功的
法门

经过前面几章的学习，我们知道了如何转变思维，思维又是如何影响人的行为方式的。一个人的行为会对他周围的人产生很大影响，会决定周围人对他的态度。而行为在很大程度上受心态的影响。比如说，如果你的心态咄咄逼人，那势必就会显露出咄咄逼人的气势，产生咄咄逼人的行为；如果你老是觉得自己高人一等，那你的身体语言也会在不经意间向别人传达这一信息；如果你的心态非常放松，那你的行为举止也会流露出这种放松的状态。

人的行为受到其心态的直接影响。

由此我们可以得出这样的结论：人的行为受到其心态的直接影响；而心态的形成跟一个人的价值观和信念息息相关；价值观和信念又来自一个人的人生阅历。罗伯特在《改变信念体系》一书中提出用一个通用模型来解释这一关系。这个通用模型可以帮助你整理思想，让你在任何情况下都能获得成功。简单说来，此模型包括思想活动所涉及的五个层面（如下），它们彼此相关、各司其职：

- 身份 / 角色；
- 价值观与信念 / 看法；
- 能力；

- 行为；

- 环境。

意识到这五个层面会让你轻易找到适合自己的 NLP 技巧，从而不断调整自己、改变自己，让生活过得更加美好。那么，该如何有效利用这五个层面呢？答案的关键就是：要有明确的目标。

你的目标明确吗？

人做任何事情都是有意图的，但通常这种意图存在于人的潜意识中。例如，你在与人交往时，或是忙于工作时，一般都不会首先去考虑你想从中获取什么，但这并不表明你头脑中没有意图，只能说明意图在你的潜意识中而已。再例如，你与工作伙伴进行对话时，你想过你有何目的——是单纯的交流，还是获取支持？是满足你提出的要求、获取关注，亦或其他？你做兼职，或是跳槽又有什么目的呢——是将一份无聊枯燥的工作抛在脑后，还是从事一份你梦寐以求的工作？是为了更高的报酬和薪水，还是为了更加灵活的工作时间呢？

如果你没有一个明确的目标，那你的行为不但不会帮助你实现目标，反而会让你的辛苦付诸东流，让你难过沮丧。举一个常见的例子：如果你对自己的现状不满，是不是希望换个地方开始一段全新的生活？其实很多人都是这种想法。人们这样做的目的就是希望摆脱过去的负面情绪。但是，当他们真正来到一个新的环境，开始所谓的新生活，却会发现自己仍在继续过去的生活模式。

所以，如果一个人有清晰的目标感，他就会认真考虑实现目标的方法并做出明智选择，这不仅会让他发现自己潜意识中最深层的意图，而且还会对自己在实现目标的过程中所扮演的角色有一个清晰的认识。所以，明确目标是第一步，第二步就是运用通用模型来整理思想。下面，我们将针对通用模型的五个层面进行详细阐述。

你扮演的是何种角色？

现实生活中，我们每个人都在工作、家庭以及社会生活中扮演着不同的角色。我们会把时间分配给不同的角色——父亲、母亲、兄弟姐妹、供货商、董事长、技术工、领导或者保姆，等等。关键的问题并不在于我们身份的"标签"是什么，而在于我们对自己角色的界定。而这将直接影响到行为的结果。例如，一个把自己的角色定义为"领导或者组织者"的经理与一个把自己的角色定义为"人力资源发展者"的经理所获得的工作结果肯定是截然不同的；同样，那些把自己定位为"保护者"的家长与把自己定位为"促进者"的家长培养出来的孩子也会有很大的差别；那些认为自己应该是"纪律的维护者"的教师与自认为是"学习的促进者"的教师教育出来的学生也会有很大的差别。

在实现目标的过程中，你的自我定位与价值观和信念相辅相成，彼此影响，从而告诉你应该忽略什么、重视什么。

你有何种价值观与信念？

如果你是一个重视孩子发展的父母，那你的价值观很可能是：尽量为子女提供发展机会，培养他们明白事理，做一个对社会有用的人。如果你是一个注重激发员工潜能的经理，那你的价值观可能是：重视团队成员之间的相互信任和团结精神。如果你是一个善于创造积极学习氛围的教师，那你的价值观可能是：注重发现、探索和创新。

建立有助于既
定目标实现的
信念很重要。

这些价值观都是由一系列的信念支撑的。你若要弄明白信念的性质，就必须关注你的价值观；反过来，你的价值观又将验证你的信念是否正确。所以，不管你的信念究竟是对是错，你都会去寻找证明有利于它的证据，而避开不利于它的证据。所以，信念相当重要，你最好是建立有助于既定目标实现的信念。比如，如果一位老师对某个学生的看法是：该学生有学习障碍，那么在他的眼里处处都是证明该学生有学习障碍的证据，其结果就是让该学生的学习更糟糕；相反，如果这位老师对该学生的看法是：该学生很有潜力但需要一个适当的引导方式让他的潜力得到充分的发挥，那么这位老师很有可能让学生取得很大进步并真正促进学生的发展，获得良好的教学效果。

你是否限制了自己的能力？

一个人的价值观和信念对他的能力有直接的影响。简单说来，如果你相信你行，那么你总能想办法来证明你真的行。

如果你觉得自己不行，那你甚至都懒得去做任何尝试。所以，积极的信念能够激发你的潜力，而消极的信念只会限制你的真实能力。

消极的信念或想法会让你停滞不前。就像一只万花筒，明明可以变出很多花样，却因为没有意识到自己"万变"的本领或是不确定"万变"会带来的后果，所以就躺在桌上一动不动。所以，如果一个人脑子里一直想着"这事儿我做不了"，那他就会为自己找各种"做不了"的借口，最终使事情没能做成。比如，人们常常把身体不好当成无法成事儿的借口。其实，你身边就有许许多多的人凭借着信念的力量，克服重重困难取得成功，你只需看看他们，就会深刻理解价值观和信念的重要性。

价值观和信念，二者密不可分——如果在一个人的价值观中，某件事情相当重要，那他就会产生一种"此事必成"的信念。

> 如果你认为某件事很重要，那你也会产生一种"此事必成"的信念。

成功实例

　　莎莉退出了语言培训班，因为她觉得自己没有学习英语的天赋。她解释说，她的英语老师鼓励她学习其他专业（比如会计），因为她的英语实在是太糟糕了。莎莉听从了老师的建议，成了一名初级会计师，但是她一点儿也不喜欢这份的工作。三年后，她辞了职，成了一名商场销售。从那之后，她的事业开始一帆风顺。

　　我们问起她现在所扮演的工作角色时，她告诉我们她最近刚升了职，成为客户服务部的一员，专门处理一些文字工作，比如回复顾客的来信，等等。莎莉非常喜欢这份工作。她出色的表现常常受到领导的表扬。但是，尽管如此，莎莉还是对自己的英语不自信，并且从不参加与此有关的任何活动。老师的话让莎莉相信自己没有天赋。多年之后，这些负面的评价仍然制约着莎莉在英语方面的能力。

你的思想和行为一致吗?

以上三个层面的思维活动经过整理、组织以后所产生的结果就是行为。对于上面这个例子我们不妨设想一下:一旦莎莉转变了她对自己英语学习能力的看法,那么呈现在她面前的将会是一个更加广阔的世界。她可能还会用英语写短篇小说、短小文章,甚至是诗歌。

行为的好坏不能一概而论。一旦某种行为演化成一种习惯,除非有人提醒,否则你自己就很难发现它的存在,更别说辨明其好坏,判断其是否与思想一致了。

成功实例　　有一次,我在一个酒店大堂看见一对老年夫妇手挽着手慢慢向酒店餐厅方向走去。妻子有一点跛脚,走得格外小心。突然,她好像想起了什么(也许是落了什么东西),只见她迅速松开挽着丈夫的手,飞快转身朝着吧台大步走去。这时,我发现,她的脚居然不跛了!看来,"跛"只是根植于她的头脑中,而非她的身体上。现在,请你想一想,自己的行为有何不可取之处？这些不可取之处给你带来何种压力？如果你稍微转动一下你的思维万花筒，你会发生什么样的改变？

你对周围的环境有影响吗？

你对以上四个层面的思维活动进行整理的方式将决定着你对周围环境的影响。通常，如果一个人的信念或看法是负面的，目标也不清晰，那么他就会有很大的压力感。但是，人们总是把这种压力归因于外部环境。所以，如果事情没有做好，人们一般不会主动去找自身的主观原因，而去找外部环境的客观原因。这样做只能让人逐渐失去对外部环境的影响力。相反，如果一个人的信念或看法积极、目标清晰，那么他就可以改变自己周围的环境。这种积极的改变甚至会不知不觉地发生。一个人对自己的看法越是消极、越觉得自己能力有限，那么他就越有可能质疑他所处的外部环境，从而无法做出积极的改变。那些能够做出积极改变的人，总是对自己有着坚定的信念，坚信自己有能力去改变现状。

所以，你如果想要掌控自己的生活，就首先要了解你的不适感来自于这五个层面中的哪一个。

> 人之所以能是因为相信能。

成功实例

杰米是一个中东人，他在英国定居下来。他有一个美丽的妻子艾丽卡。但是，他觉得在英国的日子过得非常艰难：他和同事们相处得并不融洽，他的社交圈子也越来越小，他常常感到孤独。杰米把这一切归因于英国的文化。所以他决定回到他的家乡开始新生活。

他的妻子艾丽卡告诉我们，在家乡杰米也是这个样子的，所以她不想回去。艾丽卡认为丈夫的问题与国家或文化无关。杰米没有认识到自身的问题，只是一味地怪罪于这个国家和文化。艾丽卡知道真正的原因是杰米非常害羞。

好在杰米只进行了一次心理辅导就意识到了自己的问题。通过我们的辅导，他还学会了如何结交朋友，如何树立自信心。

你的行为与目标一致吗？

有些时候，行为的改变并不意味着思维的转变。你不妨回想一下，自己是否做过一些违背内心意愿的事情？也许你这么做是为了取悦他人，但结果不但没有达到目的，还给自己带来麻烦。再比如，你新近树立的目标是：拥有健康的生活方式。为了达到这个既定目标，你报名去健身房锻炼。但是当锻炼课程正式开始时，你却打起了退堂鼓，陷入以前不良的生活方式中无法自拔。这时，你的行为就远远偏离了你的既定目标。你的内心肯定会因此而感到压力和不安。

这种"行为偏离目标或其他是通用模型中的其他四个层面的状态"用 NLP 的术语来说就是"不一致性"。如果你内心深处渴望按着某种方式行动，但是每到行动的时候，你就抗拒内心的声音，你会这样告诉自己"这次算了吧，下次再这样做"。这就造成了"不一致性"，而这种"不一致性"就注定让你无法取得成功。

成功需要的一致性，也就是行为与目标的一致，或者是通用模型的五个层面的一致。只有这样，你才能够按照预想那样去影响自己所处的环境。其实，建立一致性的过程就是塑造自信的过程。因为如此一来，你会尽量扔掉那些与内心不一致的想法，并且清楚意识到什么时候你会不协调，这就是创造改变的第一步。不协调不一定源于现实生活，有可能是在商务会议或者是在与朋友谈话中产生的。所以无论你在做什么，你都必须要意识到自己的不协调。

当你回味自己的成功，肯定心情愉快、充满自信。你可以想象当初如果自己做出另一种选择，会有什么样的坏结局。但是你从事到你非常擅长的事情时，你会由衷为自己感到高兴。有个说法，"如果你必须通过询问自己是否高兴的方式来确定自己高兴与否，那你一般都不高兴。"快乐是心境，你如果做到思想与行为一致，那么你就会得到快乐。

"乐"相吸——快乐的人容易吸引快乐的人

所谓物以类聚，人以群分。想法一致的人总会聚在一起。同样，性格相近的人也会不由自主地相互吸引，聚集在一起。如果你总是心情沮丧，垂头丧气，那你也一定会吸引那些垂头丧气的人，而那些精神抖擞的人会不由自主地选择避开你。如果你总是喜欢去帮助别人，那些需要你帮助的人就会被吸引到你的身边来。如果你刻意去给自己找不快，那你就会真的变得不快乐。这就是生活——种瓜得瓜，种豆得豆。你表现出一个什么样的自己来，你就得到一种什么样的生活。就像愤世嫉俗的人总是喜欢彼此为伴，而最后变得更加愤世嫉俗一样。此处的关键在于，你释放出了一种什么样的能量，以及你吸引了什么样的人或物？

如果你总是言行不一致，那么你就会向别人传达一种你是一个难以捉摸、令人摸不找头脑的人，让他们认为你不可靠。

你总是听到别人描述某人时会用到自大、自私、高傲、冷血、偏执等词。从某种层面上看，这些都反映出被形容的人自我表达的某种方式。当你开始试图理解某人的行为时，你就选择把这些行为与内心的判断联系在一起。但真相往往隐藏在行为之下的思想万花筒中。因此，关键是要培养对引起人们进行某种行为的背后原因的"好奇心"，而非仅仅是试图去解释你所看到的行为。只有这样，你才不会基于自己对他人的误解而采取相应的行动，而会开始真正地了解这个人，并与之进行有效的交流。

在心理辅导的过程中，我们遇到过各种各样的人。他们在生活中遇到了麻烦，因此希望我们能够帮助他们。我们遇见过一些项目团队出现问题的经理、入不敷出的教练、对生活失去激情的夫妻、害怕向董事会汇报情况的部门主管、被工作压得喘不过起来的白领、没有达到雇主期望的雇员，还有许许多多遭受强迫症、恐惧症、压力、沮丧、厌恶等情绪和症状侵蚀的人们。我们也遇见过许多潜力受到压抑，而无法获取成功的人。他们的一个共同点就是他们在生活中遇到的问题总是会让他们措手不及，防不胜防。他们总是感到问题和困难接踵而来，比如减肥失败、吸烟、郁郁寡欢、常常生病、没自信。

当由于遇到的种种问题让你感到压力时，你的大脑拥有一种神奇的能力去屏蔽你的问题。这至少能让你的生活保持现状。但是，在这一过程中，激情和干劲也一样被屏蔽了。此外，虽然你能迷惑你的大脑，但是你的身体却不是那么好糊弄的。

> 虽然你能迷惑你的大脑，但是你的身体却不是那么好糊弄。

你可以糊弄你的大脑，却糊弄不了你的身体

你的大脑和身体都属于同一个能量系统的一部分，在外界的刺激下，会相互交流，并做出回应。如果某天你手上堆了很多工作，压力很大，那你的大脑会飞速地运转，希望在截止日期前完成工作，而同时，压力也会在你的身体里积累，你会感到非常紧张，呼吸不均。你的身体会对你情绪的变化做出回应，反之亦然。

你的身体会向周围的人发出信号，即使你的大脑试图放下烟幕，掩饰你的问题，但是身边的人也会感到有什么地方不对劲。唯一的解决办法其实是干脆移开烟幕，切切实实地做出改变。

> 别人会通过你身体释放出的信号感觉出你有什么地方不对劲。

班德拉和格莱德在创造 NLP 的初期曾经参考过维吉尼亚·萨提亚模式。维吉尼亚是一位极具影响力的家庭治疗师，她能迅速有效地帮助人们迈向身心一致，解决他们的家庭问题。她在《家庭如何塑造人》一书中提出的几种沟通模式其

实并不仅仅局限于出现问题的家庭。环顾四周，你会发现这些行为几乎无处不在。

萨提亚沟通模式的内涵

维吉尼亚·萨提亚总结了四种导致家庭问题的沟通类型和一种解决家庭问题的沟通类型。

打岔型

这类型的沟通者常常为了弥补自己内心的孤独感和自卑感而去寻求别人的注意。这不过是沟通者出于自我保护的需要，想通过打岔的行为把注意力从可能引起孤独或自卑感的话题上引开。打岔型行为有很多，其中包括：一边说话一边拿掉一根掉落在衣服上的头发；打断别人的对话；不断转变话题，等等。

打岔型行为通常是在一个人的人生初期习得，因为那个时期是人对周围的环境最缺乏抵抗力的时期。当时，这种行为只是一种应对策略，但是，它会逐渐转变成为一种长期的习惯。幸好，我们有改掉这种习惯的办法。

实例

德瑞克在一家商场担任高级部门主管，他聪明自信而且直率，但却总是遭到其他部门主管的排挤，因为在他们眼中，德瑞克是一个非常高傲的人。德瑞克有一种习惯：如果他觉得自己被忽视或未受认同，就会用脚踢或是用手扔身旁的东西，好像在发泄心中的不满情绪，用这种打岔的行为告诉别人"嘿，我在这儿呢，看着我"。

多年来，德瑞克深受这种习惯的困扰，倍感煎熬。通过辅导治疗，他认识到这种行为完全没有必要，并开始用一种更加成熟理智的方式来与人进行沟通。

讨好型

这一类型的人总是曲意逢迎别人，从不与别人发生争执，总是表示同意。由于缺乏对自身能力的信任，这种人对他人言听计从。而一旦出了问题，他们总是首当其冲遭到指责。

实例

珍妮的每一句都是以"对不起"开头。这已成了她的口头禅，只要她一开口，这几个字就条件反射般地冒出来。"对不起，问一下""对不起，您要用这个么？""对不起，对不起，我不是故意问的，我希望你别难过，我真的觉得非常抱歉。"她挡了别人路会要说对不起，进门要说对不起，就连看电视也要说对不起。

指责型

这一类型的人喜欢把责任推卸给别人，只会去找别人的错误。他们时常会有挫败感和孤独感，通常患有高血压，并且专横易怒。他们总是告诉你问题出在哪里，谁该对此负责任，但却从不主动采取什么措施补救。他们将责任推卸到他人身上或找客观原因，从而逃卸自己应当承担的责任。

实例

戴米安有一套固定的处世原则。他有远离型和程序型的价值观，直率又固执。只要他认为是错的，就会当面指责别人。

超理智型

这类型的沟通者常采取如同计算机般的冷静与冷酷立场，总是行事得体、正确，不流露出任何感情。他们的语气单调，动作僵硬，且少有肢体语言，以此来掩饰他们内心的脆弱。

实例

琼斯长时间在电脑前工作。她的主要沟通方式就是电子邮件。在别人面前，她总有些不知所措。因此，能不说话她尽量不说，只有不得不说话时，才会略作回应。

一致型

这是最理想的类型！这类型的沟通者有很强的自尊心，没什么能伤害到他们的自尊心。他们的用词、肢体语言、面部表情都传达出一致的信息。这一类型的人会为不当的言行表示歉意，但是绝对不会为他们的存在感到抱歉。他们不需要责备他人，不需要刻意逢迎他人，不需要躲在电脑后面，也不需要不停地做一些小动作。他们善于交流，能够妥善地处理与他人的关系，建立强大的自尊心。

一致型的人进行的是身心一致的沟通。其他四种沟通模式都是消极情绪作用下的结果，会导致人言行不一致。因为人在压力之下，很容易认为"这不是我的错"或是"对不起，我又做错了"，或是表现出冷漠。这些行为会让你失去理智。均衡主义者的行为确实是解决问题最有效的方法。

一致型沟通者，

- 会主动寻找解决办法。

- 做任何事情都有明确的目标。

- 相信自己和他人。

- 具有强大的价值观来指导其行为。

- 保持积极乐观的心态。

- 能在与他人的交往中随机应变。

- 在试图影响别人前，先与其建立良好的关系。

成功实例

凯伦是一家制药公司的 CEO。他总是能很好地平衡整个团体，因此他的团队成员都非常尊敬他。凯伦总是既能处理好公司的业务，同时又能承认自己犯下的错误，此外还能肯定别人能力。在保持冷静的同时又能够享受生活。

通过本书所传授的 NLP 技能，你也能学会以上所述的品质。

温馨小贴士

千万别胡思乱想，因为你头脑中那些乱七八糟的想法都可能成为现实。

第 5 章

默契——建立良好关系的
最佳途径

我们的生活中离不开与人打交道——爱与被爱、买与卖、教与学等。你与他人相处的能力决定了你可以从与他人的交往过程中获得什么样的结果，要么是你影响他人的思想和行为，要么是你受到他人的影响。但无论如何，如果你不希望自己仅仅是一个冷眼旁观的角色，那么具备一定的影响力对你来说是非常重要的。不论你是教育子女、买东西、卖东西、管理员工、领导团队、辅导学生，甚至仅仅是玩乐，你的影响力都将是你取得成功的关键，而培养影响力的第一步就是快速培养与他人的默契。

> 如果你不希望自己仅仅是一个冷眼旁观的角色，那么具备一定的影响力对你来说是非常重要的。

回忆一下过去别人希望向你施加影响力的某个时候。或许你曾遇到过某个急于向你出售货物的推销员、苛刻的老板，或是傲慢的工作拍档。那时你有什么感觉呢？现在，想想你被某个推销员说得心动了的某个时候——他究竟做了什么或是说了什么最后打动了你呢？你是否会热情洋溢地对待一个不尊重你的人？你是否会喜欢一个不曾试图了解你的人？答案或许是否定的吧。一段密切的关系需要一份默契，就像高楼大厦需要坚如磐石的地基一样。

因此，加强培养与他人默契的能力能够帮助你树立自信，并且与朋友、同事、家人建立更良好和谐的关系。默契总是自然地生成，你甚至不曾留意到它是何时产生的。也许你已经和一些人有了默契。但是，也许你还缺乏与一些对你的成败起决定性作用的人的心电感应，这时，你就得花点心思去努力培养与这种人的良好关系了。

尊重在培养默契的过程中扮演的角色

为了培养默契，你首先需要学会去尊重他人的观点。如果你对结果不确定，或是对自己的角色定位不自信，或是你们的价值观存在冲突的话，你又怎么可能和对方培养出默契呢？如果你试图假装和对方已经有了默契的话，那更是适得其反，因为人们总能从你的肢体语言、说话的语气中察觉出你的真实动机与想法，而虚情假意总是留有蛛丝马迹可察的。

如果你想与某人培养默契的话，那你首先就得尊重他的想法，真正地试图去了解他，只有这样才能获得双赢。如果你能够保持你的身份、信念一致的话，那你的行为自然也会做出相应的回应。

模仿和反射

你是否观察过两个对话的人，当他们完全投入到彼此的交谈当中时，是什么样的呢？他们会无意识地模仿对方的姿势、动作、语调、语速，甚至是呼吸。有时，他们的行为会完全一致，而有时他们会像彼此的镜子一般反映出对方的行为。这就像是跟着旋律翩翩起舞一般。

人们总是喜欢同与自己相似的人相处，因此与他人建立默契的最简单的方法就是成为一个与对方相似的人。因此，你可以有意识地控制自己的行为，从而与他人建立良好的关系，并且扩大自己的影响力。同样，如果你失去了这份默契的话，你还可以采取行动重新建立起这份默契来。

> 人们总是喜欢同与自己相似的人相处，所以与周围相似很重要。

用你的肢体语言去建立默契

人们普遍对肢体语言存在着一种误解。如果你基于对他人肢体语言的理解去与他们相处的话，那很多时候你都会做出错误的判断。相互交叉的手臂并不意味着某人不愿与你交流，或许那样做让他们感到舒服。如果你也像他们一样叉着手站着，那么他们会把你看成其中一员，愿意与你相处。但是，既然你知道人们习惯于从别人的肢体语言来做出判断，那么你自己也应该多留心自己的动作、语气、手势等，以免给他人留下错误的印象。

> 人们普遍对肢体语言存在着一种误解——你要能正确理解肢体语言的意义。

模仿他人的肢体语言其实是一种建立默契的有效方法。刚开始的时候，或许看起来会很不自然，稍显僵硬，但是多加练习之后，你的动作就会自然流畅，没人会觉得奇怪了。而这也会逐渐成为你无意识的行为。但是，要熟练地掌握这一技巧，你必须克服自己内心的担忧。记住，熟能生巧是学习的不二法则。模仿以下的事物或许会对你有所帮助：

生理特征——姿势、姿态、动作、手势、呼吸

声音——语气、语速、音量、语调、音质、节奏

语言——关键词

价值观——（个人价值观和内在价值观）人们认为重要的事物

经历——共同的兴趣爱好

模仿和反射发生在动作层面。回想过去的某个时候，你觉得很难与某个人建立默契，你所做的任何努力都是徒劳无功的。到底是怎么回事呢？是你的模仿和反射出了问题，还是与你当时的心理活动有关呢？使用上述关于模仿和反射的技巧，试试看你能否与一个两岁的小孩建立默契？十几岁的儿童呢？领退休金的老人呢？或是你在工作上想要影响的某人？

如何通过模仿和反射建立默契

1. 设想一个你还没有正面打交道的人。什么样的关系对你二人更加有利？想象一下与这个人会面。

2. 留意他的肢体语言，然后尝试去模仿，不必刻意去要

求百分百的一样。他的手臂是折叠交叉在胸前的吗？他的呼吸是快还是慢呢？他的腿又是怎么放的呢？观察他的姿势，然后在你说话的时候，也使用同样的姿势。同时，调整你的语速和语调，去尽量与对方保持一致。最重要的一点是关注他说话的内容，让他知道你在全神贯注地倾听。在你说话的时候，选择和他同样的用词，而不是按照个人的偏好措辞。这样做看起来或许有点矫揉造作，但是却真的非常有用。因为你向对方传达了一条信息，那就是你非常喜欢与他相处。

你为培养默契所做的努力将会让你得到回报。同时，你也乐意去接受别人的影响。如果你试图去培养与他人的默契，却又不愿意尝试理解对方的话，那么你所做的任何努力都是白费的。持久的默契需要双方坦诚相待，相互尊重。你需要理解对方的想法、看待事物的观点，而不是把自己的想法和观点强加给别人。

> 持久的默契需要双方坦诚相待，相互尊重。

成功实例

　　罗拉试图去了解经理。每次罗拉筹备什么会议的时候，她会把建议书交给经理。但是她的经理总是事无巨细，什么都要问得明明白白。罗拉觉得经理低估了自己的能力。在心理辅导过程中，我们告诉罗拉，经理的举动只是出于他凡事追求细节完美的性格，而非对罗拉的工作有任何不满。

　　罗拉后来再遇见这种情形时，总是向经理提供一切细节。而经理也对罗拉的工作感到十分满意，认为没有必要再进行进一步的核对了。最后，经理认为罗拉已经具有了处理细节问题的能力，并且放手让罗拉大展拳脚。

引导你的思想

　　当你试图在对话中引入一个新话题时，除非那个话题真的很有吸引力，否则你很有可能会破坏已经建立好的默契。别人凭什么对你的话题感兴趣呢？大多数的人都喜欢把自己感兴趣的话题引入谈话之中。其实，让别人接受你的观点最聪明的办法就是把你的想法和别人已有的想法联系起来。这样你就能自然而然地把话题过渡到你感兴趣的话题上来了。

人们交流的时候往往会从一个话题联系到另一个话题上去。你正可以利用这一点，把交谈的话题引入到你感兴趣或是想要交流的方向上来。

让我们来看一个简单的例子。树木属于植物的一种，而植物又是生态系统的一部分。所以我们可以从下到上地由树木联系到整个生态系统，也可以从上到下地由树木联系到橡树，最后联系到树枝、树叶。当然，这是纵向的联系，你也可以进行横向的联系。比如，你可以由树木联系到杉树、椰树、松树等。在对话中，你可以将话题朝三个方向进行延伸和联系——向上、向下、横向。

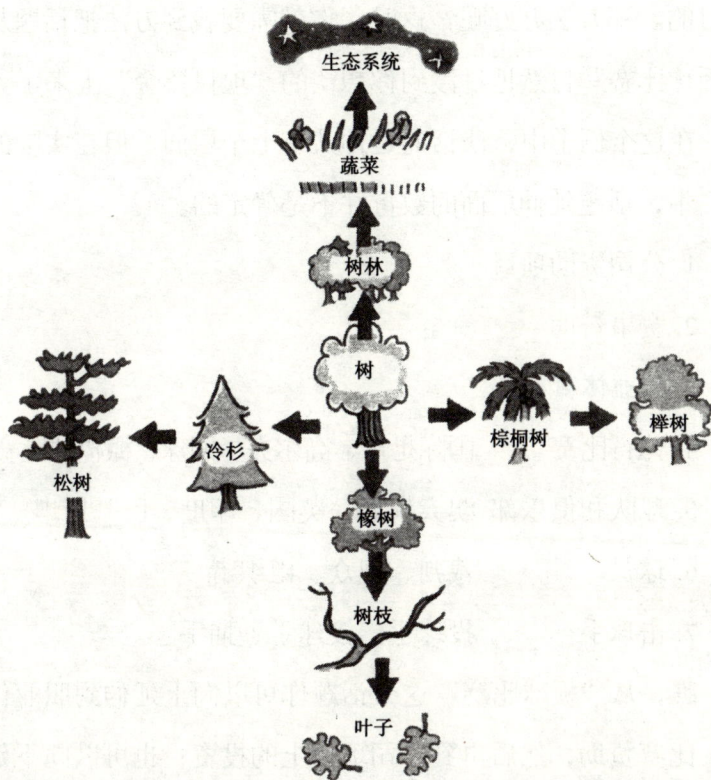

生态系统

蔬菜

树林

树

松树　冷杉　←　树　→　棕桐树　→　榉树

橡树

树枝

叶子

　　下面的例子将向你说明如何通过话题的联系，获得对项目的财力支持。

　　你来到了经理的办公室，发现他正在和别人热烈地讨论着昨晚的板球比赛。现在进去打扰他们的谈话无疑是个不受欢迎的行为，并且，很有可能你会不能得偿所愿，达到自己

的目的。那怎么办好呢？这时，你就需要找到方法把话题从
"板球比赛"自然地过渡到你想谈的"项目资金"上来了。

在这个例子中，谈话的延伸共有七个层面。但在实际的
谈话中，话题延伸层面的数量并不是确定的。

1. 公司资助项目

2. 赛事赞助　　　**资金**

3. **职业体育**

4. 体育比赛　　　国际足球、高尔夫、网球、橄榄球比赛

5. 球队和俱乐部　澳大利亚、英国、印度、巴基斯坦

6. 球员　　　　　裁判、观众、组织者

7. 击球手　　　　投球手、接球手、捕手

瞧，从"板球比赛"这个话题你可以向上延伸到职业体
育、比赛赞助，然后再到公司项目上的投资；也可以向下延
伸到球队、俱乐部、球员什么的。看看凯特是怎么进入谈话
的第四层面，然后慢慢地把话题自然而然带入第二层面，最
后切入正题的。

比特（经理）：乔，你看昨晚的板球比赛了吗？（第四层）

乔：看了，汤姆打得真不错啊。（第六层）

比特：我非常喜欢看板球比赛，刺激，但同时又能让我放松。（第四层）

凯特（进门）：我也看了昨天的比赛。我的搭档可是个球迷。事实上，他可算得上是一个铁杆的体育狂热爱好者了。（第四层）

比特：是么？他还喜欢看什么其他比赛？（第四层）

凯特：他是某个足球俱乐部的成员。（第五层）还有，他经常在赞助商专用的隔间里看球赛。你知道，他在一家软件公司工作。（第五层）他们公司去年推出了一个新产品，赞助球队可是给他们打了不少广告。（第二层）他们可是打了个漂亮的广告翻身仗。

比特：或许我们也该考虑考虑赞助个球队什么的？（第一层）

凯特：是啊，不过我们可以先启动目前这个市场营销计划。这能帮助我们在赞助球队之前，获得一些知名度啊。比特，你看，这是我搜集的数据（第二层）。

看，凯特就这样自然地把话题引入到了她想要谈论的方向上来了。实际上，你需要做的就是找到对方的观点，然后尽量把他的观点和你想要谈论的话题联系在一起，最后自然流畅地完成话题的过渡。

下面是更多的例子。

• 让你年轻的儿子停止玩 PS 游戏去打扫房间卫生。

你：你的新游戏打到什么级别了？

儿子：第 6 级。

你：那怎样才能升到 7 级？

儿子：打死前进道路上的所有外星人。

你：哇，那就是要把所有外星人清除不是吗？你的卧室有多少外星人？

儿子：不知道。

你：那要数数吗？

儿子：好啊。

你：现在，我们怎么做才能把他们清除掉呢？

• 让你的伴侣停止看足球，陪你去度假。

你：比分是多少？

伴侣：联合队 2：1 领先。

你：他们打比赛的地方天气真好，是在国内吗？

伴侣：在巴塞罗那。

你：你难道不想在阳光的沐浴下在现场看比赛吗？

伴侣：想呀。

你：那为什么我们不到西班牙去度假，晒晒日光浴呢？

- 让患有老年忧郁症的母亲从问"我怎么了"到走出家门。

母亲：我感到今天真的不舒服。我不知道自己到底出了什么问题。

你：真的吗？都发生了什么事？

母亲：我从椅子上站起来就一直眼冒金星。

你：冒金星？什么样的金星。

母亲：就是眼前有许多小星星，然后又很快消失了。这让我很害怕。

你：星星很漂亮呀。你有没有试着在它们消失以前抓住它们？其实，我今天就想带您出去看很多、很多的星星，包括最大的星星——您的孙女。我们要去学校看孩子演出的哑剧。来吧，我们赶快准备一下。

在解决、引导和回避这些潜在的困难情况时，你会感到很多乐趣。你会惊奇地发现，一旦你练习和掌握了这些技巧，解决这些问题是多么的容易。

调整你的反馈能力

如果你能学会去辨别上一章所讨论的人们的"状态改变"的话，那对你与他人之间的交流也大有裨益。也就是说，你的感官需要变得更加的敏锐，去发现你自己或是他人不易察觉的状态改变。在 NLP 中，我们称之为"感官的敏锐度"。如果缺乏感官的敏锐度的话，那么你在本书中所学到的与他人的交流技巧的作用会大打折扣。如果交流时，你不能读懂别人的想法或是情绪的话，你又怎么可能去感染别人呢？你可能会热情洋溢地向别人鼓吹你的计划多么的棒，但是别人可能根本不那么想，而你可能还在那自说自话，完全蒙在鼓里呢。

缺乏感官敏感，你所学的交流技巧的作用会大打折扣。

要想具有影响他人的能力，那么你首先就得学会去留意他人所流露出来的蛛丝马迹，观察他们是否同意你的观点。如果没注意到其通过身体语言或是语调语气传达的信号的话，那很可能就会错过他们想要表达的大多数信息。

你需要注意的就是人们的"状态"是什么时候改变的，以及以他们目前的状态，现在是否是向他们传递你的想法的最佳时机。如果你是在销售的话，你希望你的客户能购买你的货物，希望他们能处于"想要买东西"的状态。还比如，当我们举办研讨会时，我们必须确保听众在参加研讨会时是处于"想要学习的状态"。但只有具有敏锐的观察力才能觉察出对方的状态。

同样，在你准备与他人交流时，你也需要让自己处于适当的"状态"之中。但是，我们惊奇地发现很少有人会刻意地为自己想要获得目标准备良好的"状态"。很多人都容易让自己处在不适当的"状态"之中。比如说，当你将去参加一次论坛时，你可能会抱有"论坛上，我根本学不到什么东西"或是"我根本不想去参加什么论坛"这一类的想法；上班的时候，心里想着"我讨厌星

> 很少有人会刻意为自己想要获得的目标准备良好的"状态"。

　　期一"或是"我根本不想去开会"；辛苦工作一整天，回家后心想"什么都别问我"或是"孩子们真是吵得让我心烦"。

　　以下的一些特征将帮助你识别出他人所处的"状态"：

- 声音特征（语调、语速、颤抖、音量、流利度）；

- 身体的姿态；

- 身体某个部位的紧张程度；

- 呼吸；

- 嘴唇；

- 瞳孔；

- 面部表情；

- 脸色。

　　对这些"状态"的外部指标进行评估并被称为"衡量"某种状态。你也可以把它理解为读取某人的状态。

　　记录下别人的状态，以备参考。

　　如果有人对你说他心情很不好的话，那你可以通过观察上述的种种特点来衡量他的状态。因为如果这个人处于"沮丧"的状态，那你很有可能难以与他搭上话来。记录下他的状态，等你再和他打交道时，你就能判断出他是否处于"心情不好"的状态了。看看他的特征是扭曲着脸，紧攥着拳头，还是死死咬住牙。等下次看到他再出现这种特征时，你就知道你应该委婉地引导他进入你的话题，而非直接带入你的话题，使你最后被人拒绝了。

或许有些人的状态是很难被测量的——特别是那些喜形不流于色的人。他们将会考验你的观察能力和衡量技巧。仔细观察他们生理特征的改变——或许仅仅是姿势甚至是嘴唇的细微动作。身体总是展现出状态的变化，因此你总能发现状态改变的蛛丝马迹。

给他人留下思考的时间

在任何形式的交流中，人们需要时间去思考和回味他们听到的和观察到的。他们需要时间去处理接受的信息，此时，他们暂停了听力活动——在 NLP 中称之为"信息处理的停工期"。具备观察他人是否进入了"信息处理的停工期"对建立与他人的默契非常重要，当然，这也对与他人进行有效的交流至关重要。例如，在交谈过程中，如果对方望着你的方向是否一定意味着他在倾听你说话呢？也许是。但是如果他的眼睛定在远方一点，那么他很有可能已经走神了，进入了"信息处理的停工期"。当一个人走神的时候，他将不会再吸收周围的一切信息。因此，为了清楚地掌握你周围的状况，你必须敏锐地察觉到对方状态的改变。当你和他人交谈时，你可以通过对方眼睛的活动来判断他是否在听你说话，如果他的眼神聚在了远方某一点上的话，那很有可能他已经开始神游太虚了。

读取眼神传达的信息

人的很多生理特征都能透露出他当时的心理状态，其中最重要的一个特征就是眼部活动。当你知道某一个眼部的小动作意味着什么的话，那你就能知道一个人是如何获取信息，并且利用这一点去对他施加影响了。

> 眼部活动是最大的一个信息源。

人们都说眼睛是心灵的窗户。眼睛能反映出人们的心态。因为眼睛通过神经与大脑的两边相连接，因此眼睛的活动是与思考过程紧密相连的。当然，除非你会读心术，否则你肯定不可能知道别人心里在想些什么。但是，稍加练习的话，你还是可以判断出别人是如何思考的。

　　一个想法包括视觉、听觉以及动觉信息。想想吧，如果你知道人们是在用画面、声音以及感觉思考的话，那你的交流会变得多么有效啊。这样无疑有助于你对他人施加影响。否则，你很有可能会误读别人的信号，导致交流的失败。比如说，你可能会使用"感觉模式"同一个正使用"视觉模式"的人交流。这正是导致误解的一个重要原因，并且，还可能会导致冲突。现在，你可以通过观察对方视线的方向，判断出对方所处的思维模式，从而避免可能的矛盾和摩擦。

交流模式的特点

　　以下的描述适用于习惯使用右手的人。习惯使用左手的人与之相反。当你阅读下文时，请记住以下四种交流模式均存在于我们的大脑中，但有的人可能更加偏向于其中某一种模式。你最常使用的交流模式同时也将会是最有效的交流模式。

视觉思维模式

当你的大脑正在进行图像处理时，你的眼睛会看向上方：如果你的眼珠转向左上方，那么你正在回忆某个视觉图像，如果眼珠转向右上方，那说明你的大脑正在构建图像。如果你的眼珠从左上方转向右上方，再从右上方转向左上方，那说明你的大脑正在同时进行视觉图像的回忆和构建。

视觉回忆

视觉建构

在交流过程中经常使用视觉思维模式的人通常语速快、声调高，这是由于他们往往希望自己的声音能够和头脑中一闪而过的画面同步。这一过程也将对他们的呼吸产生影响，因为当人们快速说话时，往往不能够将空气吸入下腹部，这会导致胸腔明显地上下起伏。

同时，在交流中，使用视觉思维模式的人还倾向于选择与视觉有关的词语来进行表达，如：

- 你看**明白**我的意思了吗？

- 我要为你**画**幅画。
- 真是**明亮**而**清晰**啊！
- 让我们把这个放大来看看。

成功实例

　　莎莉的交流方式属于视觉思维模式，她常常在脑海中快速地闪过很多图像，从而忽视了去体会对方的感觉。她总是能够在头脑中很快地闪出问题的种种解决办法，但却不能停下来想想自己或是别人的感受。人们都觉得与莎莉交流时，要跟上她的思维很困难，当然，这也大大地削弱了莎莉进行有效交流的能力。最后，莎莉备受这一问题的困扰，不得不进行药物治疗。

　　认识到这一点之后，莎莉接受了我们的辅导，并进行了一些练习。现在，莎莉在交流时也能顾及他人的感受了。她的生活发生了很大的变化，人也快乐多了。

听觉思维模式

听觉回忆

你的眼珠水平向左移动说明你正在回忆某个声音，比如谈话或是音乐；你的眼珠水平向右移动说明你的大脑正在构建声音。

听觉建构

常常使用这种思维模式的人总是喜欢在谈话中变化他们的语调，并且习惯使用胸腔中部的位置进行呼吸。

此外，他们还喜欢在对话中使用与听觉有关的词语，如：

- 我**听到**你说的话了。
- 电话在**响**。
- **听**起来不错。
- 真是**天籁之音**！

成功实例

　　宝拉与她的母亲一起居住，但是她现在越来越受不了她妈妈对肥皂剧的热爱了。宝拉属于听觉思维模式的人，因此她认为根本没有必要接受这些视觉上的刺激。但是宝拉每天上班时总是戴着耳塞，听着肥皂广播剧。其实两个人都喜欢肥皂剧，只是喜欢使用不同的接收渠道而已。宝拉认清这一点后，便对她的母亲更加包容了。

内部对话思维模式

当你的眼珠转向左下方时，说明你的内心
正在进行对话。在思考时，我们常常会在内心
自言自语。

内心自言自语

这种类型的思维模式不会伴随明显的呼吸特征，但是，
我们观察到，深陷内心对话的人会用手支着自己的脸颊，或
是轻轻地触碰自己的下颚。这是思考者的标准造型。

成功实例

贝蒂认为自己有学习障碍，因为她总是
记不住课堂上学了什么。她觉得自己不聪明，
记性也不好。在培训过程中，她意识到这一
切其实应该归结于自己的内心对话。每当培
训者向贝蒂提问时，就能从贝蒂的眼神方向
观察到贝蒂正沉浸在内心的对话中，根本没
有听讲课的内容。

意识到这一点后，贝蒂有意识地控制自
己的思维，经过一段时间的培训后，贝蒂终
于能控制自己的内心对话了。

动觉思维模式

动觉

如果你的眼珠滑向右下角，那说明你正沉浸在某种情感之中。

经常使用这种思维模式的人通常会使用下腹部进行呼吸，语速很慢。词语之间会有一定的间歇时间，有时，这种间歇时间会比较长，以便留有足够的时间去感觉。此外，说话的声调也较低。

在对话中，这种类型的人常常会选择使用感官词语，如：

- 这种感觉对极了。

- 让我们保持接触吧。

成功实例

汉姆属于动觉思维模式，因此他说话时总是会花很多的时间去组织语言，去体会自己的感觉。而与他说话的人往往等不及汉姆开口，就谈到下一个话题了。因此汉姆觉得人们对他的话没有兴趣。因此，他养成了说话说半截的习惯。当汉姆意识到自己的思维模式后，他就能够将自己想要表达的意思完整地传达出来，并且改变了他以前错误的判断，不再认为人们对他的话不感兴趣了。

提高你的交流能力

了解谈话对象的思维模式能够帮助你建立与对方的默契，从而大幅提高交流的效率。

交流时，你应该尽量去了解对方的思维模式，而非一味地希望对方适应你的模式。灵活地使用刚才所学的技巧并巧妙地加以利用将大大提高你的影响力。比如，如果你使用视觉模式向某人问到"你是如何看待这次成功的？"而对方回答你说"我什么也没看出来"的话，那很有可能使用了错误的思维模式。当然，如果你凭借自己敏锐的观察力，发现对方属于动觉思维类型的话，那你可以稍稍修改你的问题，比如，你可以问"你觉得这次成功怎么样啊？"

你会发现微小的语言调整就能够大大增强影响力。在建立默契时，最重要的并非是你的谈话内容，而是你的表达方式。将本章的知识学以致用，将会极大地提高你对他人的影响力。

> 你会发现微小的语言调整就能够大大增强你的影响力。

温馨小贴士

　　建立默契是一个需要彼此真心相待的过程。如果你对对方是虚情假意，那一切看上去将非常的矫揉造作。因此，在使用所学技巧时，一定要记住：真心实意才是最大的技巧。

第 6 章

语言的力量

第五章详细说明了如何进行信息处理以及语言为什么是改变生活的有效工具。我们知道，人的语言只是其人生阅历的浅层表达形式。语言背后是人的价值观和信念。人的思维会逐渐惯性化并形成潜意识。同样，语言也会如此。人的记忆思维储存了日常生活中频繁使用的短语，反过来，这些语言又强化了思维，这就形成了一个循环。那么，您使用的语言到底是服务于你还是有悖于你？答案就在本章节。

> 您使用的语言到底是服务于你还是有悖于你。

高水平的语言

高水平的语言是模糊的。我们来看下面这句话：孩子们如今不在乎。这句话很模糊，它省略了很多细节，诸如具体哪些孩子，具体什么时候，他们又是如何不在乎，他们到底不在乎什么。这样的一句话是讲话者将自己的价值观同经历结合在一起形成的。但是它会产生一定负面效果。讲话者不得不对此进行补充，从而强调对自己有利的细节并弱化不利因素。我们再来看下面这句话：如今孩子们真是富有创造力。这句话的模糊性和刚才那句话不相上下，但是其产生的效果却更加积极向上。

我们知道，大脑根据记忆思维中所储存的经历来选择词汇，这就形成了语言表达。以上两句话均反映了语言表达的三种方式。第一是"总结"，例如"孩子们"。第二是"删除"，例如第一句话删除了孩子们不在乎的具体内容；第二句话删除了孩子们是如何富有创造力。第三种语言表达方式是"曲解/失真"，例如"不在乎"和"真是富有创造力"。这并非是准确无误的观测结果。这种失真是讲话者的认知能力和价值观的体现。

密尔顿·埃里克森是一位杰出的心理治疗师。他的治疗方法备受 NLP 首创者理查德·班德勒和约翰·埃里克森推崇（理查德·班德勒和约翰·埃里克森于 1996 年和 1997 年先后出版《密尔顿催眠技术模式》第一卷和第二卷）。密尔顿使用模糊语言来帮助人们改变思维方式。他所提倡的语言模式就是众所周知的"艺术性模糊"语言。他并非直接告诉患者该如何做，而是通过"艺术性模糊"语言改变人们的世界观。这种以认知及经验建构出的世界观又被称作"拟实地图"，每一张"拟实地图"都是独一无二的。

成功实例　　一位销售主管很想提高业绩，但每次去拉业务，他都觉得信心不足。他的这种不自信归根结底来源于一次失败的销售经历。当时，那位潜在顾客对他不予理睬。他为此深受打击，用他的话说"感觉自己很渺小"。这次经历总让他摆脱不了"渺小"的感觉，使他无法获得新客户，提高销售业绩。

在我们给他进行心理辅导时，我们提了很多问题，让他尽量按照自己的"拟实地图"来回答问题。在我们的引导下，他最终意识到自己曾经的想法是多么的荒谬可笑。这里引用他说过的两句原话："哇，其实在我们的潜意识里，销售对象就是恨不得让我们这些销售员自惭形愧。这真是难以置信！"这两句话让他很是开窍，因为这不仅与他的"现实地图"相符，而且还突现了其荒谬性。他对此毫无异议。

请您回忆一下自己是否经常使用限制性思维和语言。如果你想干某事，却又听到内心有个声音在说"不行，我干不

了"。那你就甭理它，一定要理智分析，看看到底这种想法
从何而来。

回忆一下自己是否经常使用限制性思维和语言。

下面有三种要注意的语言模式。这三种模式，用之得当，
确有奇效。但用之不当，就会形成限制性语言，产生不良后
果。下面均为用之不当的例子。例句后面附上问题，这些问
题将带来神奇的效果。

语言表达方式之一：总结

讲话者经常将过去留下的阴影与目前的事情联系起来，
这就导致了限制性语言。我们来看下面的句子。

例句 1 "我无法兼顾工作和家庭"。

• 问题：无法兼顾具体表现在什么地方？是什么让你无
法兼顾？你为何下此结论？你知道还有谁也无法二者兼顾？
你知道有谁能二者兼顾吗？你所指的无法兼顾有无时间限
制——是几个小时就受不了，还是几天？要是你能兼顾又
怎样？

• 注意用词："不能""无法""不可能"。

例句 2 "小孩需要守纪律"。

- 问题：小孩需要什么？是什么样的小孩？怎么守纪律？他们还需要什么？谁说他们需要守纪律？

- 注意用词："需要""必须""不得不""非得""须要""要求"。

例句 3 "没人爱我"。

- 问题：真的没有人爱你吗？是不是只有一个爱你（或不爱你）的人？你为何下此结论？你所指的爱是什么？你对别人付出过爱吗？

- 注意用词："每人""没人""任何人""每个""总是""从来不"。

语言表达方式之二：删除

例句 1 "他是个失败者"。

- 问题：他到底怎样失败？他失败在哪里？谁说他失败？是否他做每件事都很失败？他没有成功过吗？他难道没有成功地吸引你的注意吗？他还做过其他什么成功的事吗？

- 注意用词：不要轻易将动词短语转换成名词短语。例如：本来是将某件事情"做失败"，结果说成了"失败者"；

本来是他"正在做"，变成了、说成了"他的做法 / 表现"；

本来是"正走向通往成功之路"，结果变成"他的成功"。

例句 2 "她的孩子不太聪明"。

• 问题：与谁相比她的孩子不太聪明？你衡量聪明的标准是什么？她的孩子哪方面聪明？

• 注意用词：形容词成对。例如：好—坏、冷—热、聪明—愚钝、真诚—虚伪、高兴—悲伤、富裕—贫穷。

例句 3 "她拒绝了我"。

• 问题：你凭什么说她拒绝了你？

• 注意用词：需要进一步澄清意义的动词。

例句 4 "他们被遗弃，必须独立生活，自己照顾自己"。

• 问题："他们"是指谁？你所说的"独立生活"是什么意思？

• 注意用词：指代不明确。例如："他们""人们""计算机""孩子"。

语言表达方式之三：曲解 / 失真

例句 1 "他从不给我买花，所以他不爱我"。

• 问题：你凭什么说他不给你买花就表示他不爱你？他表达爱意的方式是什么？

• 注意用词／句型：如果一句话有两个部分，应该基于第一部分得出第二部分的结论。

例句 2 "我的孩子快让我受不了了"。

• 问题：他们具体做了什么事情让你快受不了了？他们做什么事情会让你真的受不了？。

• 注意用词／短语："引起" "导致" 等类似词汇。

例句 3 "我知道你不想赞成我的提议"。

• 问题：你是如何知道的？你凭什么这样说？你能读懂我的心思吗？

• 注意用词／短语："推测" "猜测" 等类似词汇。

学以致用

以上这种澄清式的提问被称作 NLP 检定语言模式，它让我们清楚意识到语言的高级意义，而这种意义又深深植根于人的价值观。我们知道价值观的确立并非难事。价值观对人的言行都会产生很大的影响。负面模糊的语言稍不注意就会变成人们生活的一部分。

艺术性模糊语言是积极灵活的语言模式，通常产生正面的效果。我们可以用检定语言模式将负面模糊语言转变成艺术性模糊语言。不管是哪种语言表达方式（总结、删除、曲解），我们都可以通过问问题，一步一步明确具体细节，从而化负为正，化减为加。

同时，通过检定语言模式来澄清语言信息，会使讲话者本人及其听众清楚发现负面语言是如何形成的。

除此以外，我们还可以通过分析语言的时态（过去时、现在时、将来时）来进一步了解一个人的说话和思维方式。下面这些句子你可能耳熟能详。

- 我干不了这个。
- 我不能潜水。
- 我不是团队工作者。
- 我好像没法从事一项固定工作。
- 我跑步坚持不了十分钟。
- 我和经理无法取得一致意见。
- 我对数字不在行。

- 如果让我试，我肯定会失败。

注意，上面的句子都是用的现在时——人总是喜欢把过去的经历与现在的能力联系起来。当然，有时这会带来好处。比如，如果你过去的经历是美好的，那么基于美好回忆的规划肯定是积极向上的。但是，若把过去不好的经历与当前的规划挂钩，就会限制一个人潜力的发挥。人的记忆就像是旧衣裳。虽然它已经过时甚至破损，但你就是舍不得扔掉，那它就一直挂在衣橱里，占用衣橱的空间，让其他衣服无法显得鲜艳时髦。

> 若把过去不好的经历与当前的规划挂钩，就会限制一个人潜力的发挥。

分析上面的句子，我们知道讲话者肯定是受到了以往经历的影响，并形成了固有观念，这种固有观念阻止他们做出积极的改变。如果你想做出积极的改变，那就试着慢慢放弃负面的固有观念。下面的例子会助你一臂之力。

- "我不能潜水。"—〉"过去，潜水让我吃了苦头。"
- "我不是团队工作者。"—〉"我的团队工作经历不太理想。"

- "我好像没法从事一项固定工作。"—〉"过去，我总是在换工作，不容易定下来。"

- "我跑步坚持不了 10 分钟。"—〉"我跑步可以坚持 10 分钟。"

- "我和经理无法取得一致意见。"—〉"我和经理曾经有过一两次争执。"

- "我对数字不在行。"—〉"我碰到过一两个算数问题。"

- "我干不了那个。"—〉"至今，我还没在这方面有所斩获。"（注意两句话的细微区别。第一句话用"那"，而第二话用"这"；第一句话带有消极的抵触情绪，而第二句话表明了积极尝试的态度）

- "如果让我试，我肯定会失败。"—〉"我从来没有尝试过此事，但是我愿意一试。"

最后一句话非常有意思，因为讲话者甚至都没有经历过类似的失败就把自己给否定了。这种臆想中的失败让人在机会面前望而却步。

过去时的运用为句子赋予了新的含义，即增添了一种

"可能性"，因为过去不会的事情不等于现在不会或将来不会。一个人只有回顾过去，着眼未来，才会改变自己，告别过去的失败，让生活充满阳光。当然，要真正做到这一点，需要有迫切的愿望。例如，如果你真心实意地想和你的经理改善关系，你会这样对自己说："过去，我和经理之间有一些分歧，但是我会尽量耐心地倾听他的意见，并站在他的角度去考虑问题。"

> 如果你有改变的强烈意愿，可制订一个未来计划。

同样的道理，如果你很想持家理财但又对算数不在行，你可以这样对自己说："过去，我算数不太好，但是我现在要补习一下算数，多做些算数练习，这样我才能够合理理财。"

所以，我们要建议你平时多留意别人讲话时的用词，或是留意自己的"心之语"，即"内部对话"。然后再使用检定语言模式对话语进行进一步的梳理澄清。

善用比喻

除此以外，我们还可以通过分析语言中的比喻来进一步了解人的思维方式。比喻不仅是用语言表达思想的手段，而且是思维的手段。

有些比喻代表了讲话者的"拟实地图"。有些比喻已经变成了广为人知的成语或俗语，如下所示：

- 这真是度日如年；

- 她这人粗枝大叶；（没那金刚钻别揽瓷器活）

- 这就是殿堂级水平；

- 这真是如履薄冰；

- 我们要乘风破浪。

有些人很善于使用比喻。与人交往时，如果你对对方使用的比喻心领神会，那你们之间的关系将变得非常默契。有时，你甚至只是意识到对方在使用比喻，无需知道该比喻的真正含义，你就能在交谈中处于主动积极的地位。我们来看下面的对话。

成功实例

本：这就好比汽车发动了，车轮也能够转动，但是我们却哪儿也去不了。

戴维：是吗！这肯定是汽车引擎不好使。

本：你说得对。

戴维：可能是引擎负荷过重所致。

本：你说得太对了！你看，我现在手里的这个项目就是如此：很多细节都弄好了，但就是无法按照计划向前推进。

戴维：什么计划？

本：就是我的愿望啊。

戴维：具体是什么呢？

本：我也不是太清楚——其实好像我什么计划都没有。

在上面这番对话中，戴维首先附和本的比喻。然后，他引导本逐渐意识到压力是来自于他自己。本不知道自己为什么会有压力。戴维通过将比喻延伸，让本逐渐意识到自己因为缺少计划而产生了压力。

巧妙地说服

有时，情况紧急，我们说话会欠考虑。殊不知，不同的字眼会带来不同的效果。你说话是否能带给你预期的效果呢？

本章所涉及的讲话艺术会让你在人与人的交流中如鱼得水。如果你能够熟记于心，并且经常练习，就会成为一个有影响力的人，能够巧妙地说服别人。因为语言有一种直接的影响力，在以下领域，它更是让你如虎添翼。

> 如果你能熟记于心，并且经常练习，就会成为一个有影响力的人，能够巧妙地说服别人。

- 说服别人接受你的想法；
- 当教练；
- 团队工作；
- 公共演讲；
- 教书；
- 谈判；

- 培养自己的小孩；

- 解决家庭矛盾。

尤其是，它还能让你更加自信，给你的生活注入活力。

温馨小贴士　　　有效提问的秘诀在于要选择一个绝对适合引起某人思维改变的问题。如果仅仅因为我们能问就不断问下去，那我们很快就会成为"孤家寡人"的。

第 7 章

删除大脑中的无用程序

前六章的讲解涵盖了沟通的所有要素。下图清楚地显示
了 NLP 如何将这些要素有效结合在一起。简言之，信息经
过大脑的总结、删除和曲解，就形成了"状态"，并最终引
发行为。思维程序就此产生。

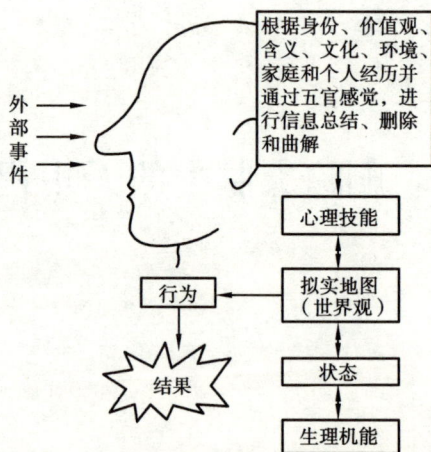

人做每一件事，大脑都有一套程序，不管是激发积极性、
推迟做事、谈判、筋疲力尽，还是购物，都有程序支配，包
括一些你不想为但却继续为之的事情，因为对于此事，你已
经形成"为之"的习惯。这些程序是由一连串思想以及由某
种刺激因子所引发的行为组成。在 NLP 中，每一串思想就
是一种"策略"。如果你想打破旧习却未能如愿，那很有可
能是你没有找到"刺激因子"，或者是你忽略了"策略"的

潜意识部分。一旦你对"策略"的具体细节烂熟于心，那么很多问题都会迎刃而解了。比如说：

- 摒弃无用之物，掌握有用之物；

- 学习别人的有效策略；

- 根据草图，作出新的设计。

一旦你对"策略"的具体细节烂熟于心，那么很多问题都会迎刃而解。

成功实例　　丹尼斯用钱很谨慎。他买东西之前，总是按照以下步骤来确定是否购买：

- 在大脑中勾画出使用此件商品的情景（内部对话）；

- 自问"我真的需要这件商品吗"（内部对话）；

- 如果答案为"是的，我真的需要"，那就调研一下商品的型号／材料／价格等（内部对话）；

- 自问"我应该征询谁的意见"（基于外部参考所进行的内部对话）；

- "问杰克和鲍伯"（外部听觉）；

- 说"是的，那给人的感觉是对的"（动觉）；

- 问自己"我该到哪里去买这个东西？"（内部对话）；

- 考虑因特网/商店/邮购（内部对话）；

- 说"是的，那给人的感觉是对的"（动觉）；

- 买！

对比贝弗利的策略

- 说"那看来非常适合我"（外部视觉）；

- 试一试（外部动觉）；

- 说"看起来不错，感觉很好"（外部视觉和动觉）；

- 买！

擅长拼写的人喜欢使用的策略是：想象用鲜艳的彩色笔勾画出字母的正确顺序。

无效的策略会让人一事无成。你不妨想一下：你是如何理财的？你善于作报告或陈述吗？你和同事的交流有没有障碍？你的烹饪水平怎样？你是如何做决定的？你能让关系一直保持着积极和富有成效的发展态势吗？

不管你想改善生活的哪一个方面，策略的使用是必需的。如果你觉得现有策略会产生负面效果，让你停滞不前，你希望能有一个好的改变，那么你必须清楚了解该策略的第一步和最后一步。

引出法（引出旧的策略）

当你引出一种策略时，你会清楚地发现伴随这种策略的价值观、看法、后设程式、思维以及行为方式。

具体步骤

第一步：选择一件你内心不愿意做却正在做的事情，或者是选择一件你想加以改进的事情，比如说激发积极性、改变做事拖拉的习惯、提高决策能力、戒烟等。

第二步：找到"刺激因子"——询问以下问题，

- 你怎么知道什么时候开始做这件事情？
- 是什么让你认为自己已经准备就绪？
- 你做了哪些准备？

- 你有哪些步骤？

- 下一步是什么？

- 再一下步是什么？

- 你如何知道这件事情做成了？

- 你进行了怎样的测试来确认此事的成功？

- 你凭什么说此事还未做成？

第三步：策略复查。

完成以上的"引出"步骤后，你需要进行复查，以防遗漏信息。如果你想改变旧的策略，那一定要找准"刺激因子"，并在"刺激因子"处操练新策略。"引出法"的目的并不是将旧策略完全从大脑中清除，因为换个环境它也许会起到积极的作用。

成功实例   诺曼决定戒烟。大多数时候，他都能忍着不抽，但如果遇到什么值得庆祝的事情，他就忍不住想抽几口。这时，支配他行为的策略是：脑中浮现出一位英雄人物在大山之巅点燃一支烟，尽情享受着。这种策略让他坚信"成功者都要吸烟。"因此，每当他成功完成一件事情时，他都忍不住想抽一支烟。

我们让诺曼意识到，这就是他想抽烟的"刺激因子"。
找到"刺激因子"后，他改变了想法，现在他认为"不管一
个人有多成功，只要他够明智，就不会抽烟"。可见，他在
关键之处（"刺激因子"）修正了以前的策略，将英雄吸烟
的场景从大脑中移出。这使他终于成功戒烟。

创造新策略

1. 想一下做以下事情时，你希望有什么样的策略。例如：

- 起床后思维活跃；

- 减肥；

- 保持身体健康；

- 下班回家仍然精力充沛；

- 不失眠；

- 理财；

- 付费；

- 辅导小孩做作业；

- 提高运动水平。

2. 如果你创造新策略的愿望非常强烈，那你就需要树立
   积极正面的观点，并且要坚信这种观点。例如"如果

我创建了这种策略，我就能做……/ 会有……"或者

"我想做什么 / 成为……我就可以做成 / 成为……"

3. 明确策略的"刺激因子"。例如，如果你想减肥，那

"刺激因子"可能是：脑海里出现食物；脑海中浮现

出做饭的场景或是坐在饭桌旁的场景。

4. 将新策略所涉及的场景像放幻灯片一样在脑海里过一

遍。注意，尽量让每张幻灯片够大、够亮、够鲜艳；

让幻灯片之间有一定间隔。放映的同时使用"内部对

话"来配音。

5. 反复多次操练新策略，速度不要太快。尽量让新策略

在思维中形成一套固定程序。

6. 复查新策略的有效性。运用想象力，将可能使用新

策略的场景在脑海里面过一遍，并测试该策略的有

效性。

温馨小贴士　　第一次尝试运用新策略时，我们总是会选择大事而非小事作为运行对象。我们知道，改变策略的关键是改变看法、移出或增强内部对话，或者迅速在脑海里面将该策略过一遍。如果你选择小事情来操作新策略，你可能连细枝末节都不会放过，这会对以后在大事上面运用该策略打好基础。另外需要注意的一点是：明确策略的"刺激因子"——选对入口对策略的成功执行至关重要。

第 8 章

明确的结果

前面我们介绍了思维活动所涉及的
五个层面。我们认为要想让自己的生活
快乐而充实，所有的层面都应该有条不
紊地进行。而事实往往是，无论你认为
自己安排得多么有条理，都会被生活中
的诸多事情干扰，变得毫无条理可言。

> 无论你认为自己安排得多么有条理，生活总有办法干扰你，让你的安排变得毫无条理。

你每天所做的决定无非有两种结果，一是让你按照原定计划
行事，二是与原定计划大相径庭。尽管有时你严格按顺序进
行思维活动，但还是觉得做事缺乏效率、拖拖拉拉。之所以
这样，是因为你头脑中没有一个明确的结果。

在 NLP 中，有一套设定目标的方法叫做"充分考虑结
果"。比如说，你准备打一个棘手的电话（去申请一份新工
作或要求得到晋升），你有没有想过可能会出现的结果？你
下周要出席一个销售会议，你期望会有什么结果？你和儿女
们共处一段时间，你又想达到什么效果？你和朋友晚上出去
玩，你想有哪些收获？你有一个新的创意，你希望看到这个
创意起到什么样的作用？参加健身俱乐部，或者练习太极、
瑜伽，你希望达到什么效果……

一旦你提前设定了一个明确的结果，你就会清楚自己应

该做什么（是什么角色）；就能树立相应的价值观和看法，从而使你的能力得到发展，你会调整自己的行为并且你还会给周围的环境带来积极的影响。

我真的需要一个目的或是结果吗？

我们应该把"目的"视为高于"身份／角色"的一个层面。"身份"主要关乎一个人的本质，而非角色（或作用）。

成功实例
> 柯林这样形容他所扮演的"角色"："一名生活导师，引导人们作出积极的生活改变。"他形容自己的"目的"是"帮助人们意识到他们真正的潜能"。柯林工作时，时刻铭记这个目的。但是，他所提供的每一堂心理辅导课的"结果"取决于每个客户的具体需求。

强烈的目的感会给你带来前进的动力，让你行事更有把握、更加自信。设定明确的结果则强调人们在采取行动时，应对预期成果有一个清醒的认识。

"结果"不同于"目的"。"目的"通常是对期望达成的效果进行简要陈述。"结果"还包括为

> "结果"不同于"目的"，通过设定结果……你会实现许多目标。

达到目标而进行实际努力后所产生的方方面面（包括与目标不一致的地方）。你如果只设立一个"目标"而不去明确"结果"，那么你只给出了一个参照值。只有想清楚可能出现的"结果"，你才会收获更多。

成功实例

> 蒂姆设定了一个目标，即在本季度末将销售额提高 15%。他要的结果，即实现了这个增长目标的结果，就是"整个团队有一种成就感，掌握更多销售知识、了解如何扩大影响力；客户对他们的服务感到满意，具备长远增值销售的潜力等"。

充分考虑结果

PRIEST 法则为充分考虑结果提供了一个有效的框架。

P　代表"积极的状态"（Positively stated）

人类思维的一个特点就是无法避免负面信息。比如，你听到这句话"无论如何，都**不要**去想负面作用。"啊，糟糕！太迟了，你简直没办法不去想它。我们知道你会这样，因为人总是**不得不**去想那些不该想的事物。

人有一种能力——"集中精力想什么就会有什么"。对此，你一定要当心。因为，如果你大部分注意力都放在你刻意回避的事物上，你很可能就会真的碰上它。正所谓，怕什么，就来什么。要避免这种情况的发生，就必须要明确设立积极的"结果"。换句话说，就是去想你**想要的**，而不是**不想要的**。

> 要有意识地加强"集中精力"的能力。

R　代表资源（Resources）

这种资源包括内部和外部的资源。内部资源是指勇气、信心、定力、责任感，以及决心等内部因素。你可以通过 NLP 技巧来获得这些内部资源。外部资源指金钱、人脉以及知识等外部因素。

I 代表自我调整（Initiated and maintained by self）

预期结果的实现是完全在你掌控之中还是取决于你掌控之外的因素？

如果不完全在你掌控之中，你就调整目标。要确保对自己的选择负责——不管事情的发展是在意料之中还是之外。

E 代表生态平衡（Ecology）

生态平衡是对生命个体及其环境总体关系的一种关切。它也可以用在说明内在的生理平衡；在个人及其思想、策略、行为、能力、价值及信仰之间的整体关系；在所有系统上各元素间的动态均衡。

你有没有想过取得预期结果又会是怎样？这会对你及他人的生活产生什么样的影响？这些影响，你能否接受？

这就是所谓的 NLP "生态检查"。

S 代表感官证据（Sensory evidence）

哪些感官体验告诉你，你已经成功实现目标、获得预期结果——你听到什么？你看到什么？你感觉到什么？

不妨花点时间想象一下，你的目标实现以后，你会是什么样子？你怎么知道自己成功了？

T　代表时间（Time）

你行动的时间表是什么？你需要花多少时间去获取所有预期结果？

如果你把目标写下来，你会发现很容易落下一些东西。下面的小练习利用空间和视觉化的方式帮你制订一个切实可行的时间表，并且能够检验你的结果是否明确、有效。

将成功视觉化

找一个安静的场所，将自己曾经取得的成就在脑中过一遍。在地上做个标记，代表"现在"，然后向另一点走一段特定的距离，这个距离代表你认为所有目标实现后所用的时间。站到这一点上，回头再看"现在"，花点时间感受下，实现所有目标之后，是个什么样的感觉？

然后，向"未来"再走远点儿。再回头看看"现在"，将你所实现的目标视觉化。保证此时用过去时来描述。一旦你脑中闪过你已经成功的想法，将你所做过的一切视觉化，并将它和你不得不做的一切进行对比，这个过程更有创造力、富有前瞻性，而且没那么大压力。它很有动力，也很有趣。

成功实例　　琳达很喜欢照顾别人和组织娱乐活动。有一次，她安排了一场晚间聚会。她所期待的结果是希望好友乔伊能好好享受大病初愈后的生日（P）。琳达在乔伊最喜欢的餐馆订了位子，确保（I）所有来宾能乐于其中，也能为乔伊尽自己的一份贡献。并且确保所有来宾都知道就餐地点、泊车地点、到场时间和衣着标准（R）。琳达还检查了乔伊的健康状况——参加晚会，他的身体能否吃得消？（E）。琳达脑中浮现出了这样的场景：聚会后，来宾们有说有笑地离开餐馆，乔伊开心地坐在桌前回味着这一美好的夜晚（S）。

正是提前制订有序的计划（T），才使得琳达能够顺利地组织聚会，享受到与乔伊同样的欢乐。琳达称得上是一位目标清晰、动力十足的女主人。

设想一下，假如琳达没有对预期结果进行充分的考虑，事情会变成什么样子：临到头了，她才手忙脚乱地准备；乔伊最喜欢的餐馆位子已被预订一空；宴会就要开始了，她却还在不停地接电话，告诉来宾路线；不停地向乔伊道歉；慌慌张张地赶到宴会地点；忙得无法兼顾乔伊和其他宾客。

所以，这种日常生活中的小事会给人的生活带来很大的影响。PRIEST 能帮助你做好眼前事，给未来奠定基础。琳达这种杰出的组织能力同样适用于工作、家庭等生活中的方方面面。有一天，当你也能够这样一步步取得预期的结果时，会产生积极的力量将同样积极的人吸引到你周围。

成功实例　　汤姆是一位表现力丰富的舞蹈演员。他出身贫穷，做起事来总是有着强烈的目的感。他想发挥所长，教青少年跳舞，从而帮助他们树立信心。为实现这一目标，他展开了行动。

我们见到他时，他脑中已经有一个清晰的预期成果：举行一场舞蹈大赛，让伦敦所有学校的舞蹈团自编自演，将自己的舞蹈作品展示出来；这些舞蹈队将进行一系列的资格赛，进入决赛的团队将有机会在奥运会的舞台上演出。

汤姆成为了此次活动的组织者。他关心青少年，善于表达并富有创造性，因而此次活动他组织起来得心应手、顺利无碍。不仅如此，他还具备信心和决心等内部资源，从而能够将种种想法付诸实践；他还知道从何处获取外部资源，从而纵观全局、胸有成竹。他能清楚地预见此次活动成功后，他眼前的景象、耳边的声音和心里的感受。

6个月后，数百名从此次活动中脱颖而出的年轻人登上了英国首次举办的奥运会舞台，他们的演出大放异彩。汤姆取得了巨大的成功。

创造美好未来

如果你仔细研读过本书前面所讲述的内容，那么此刻你便已具备创造美好未来的所有要素。你只需要一个有效整合这些要素的框架，便可为自己创造一个美好的未来。

下面的练习便会为你提供一个有效的框架，你可以基于这个框架，根据不同的情况来选择恰当的方法，让自己的人生发生好的改变。本框架可单独使用（用于列出自己希望进行的人生改变），也可以与 PRIEST 结合起来使用（如下面的练习所示）。这里不仅给出了框架，还给出了一些具体方法供读者参考。其中，有些方法在前几章中便曾经提及，还有一些方法会在第十章中出现。

具体练习步骤

1.准备一些卡片，写上下面的文字，并按如下顺序排列。

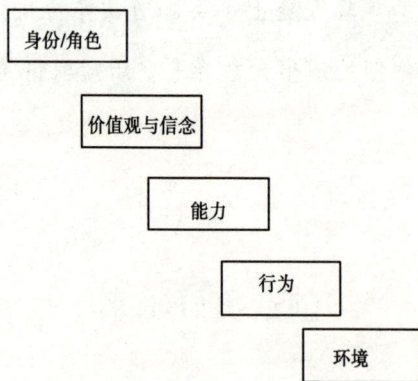

```
┌──────────┐
│ 身份/角色 │
└──────────┘
   ┌──────────────┐
   │ 价值观与信念  │
   └──────────────┘
      ┌────────┐
      │  能力  │
      └────────┘
         ┌────────┐
         │  行为  │
         └────────┘
            ┌────────┐
            │  环境  │
            └────────┘
```

2. 找一个安静的地方坐下来，全身放松，头微微向上。

在脑中勾画一下你未来的生活场景。那时，你已经成功实现了一个或几个至关重要的人生目标。

3. 在地板上画两个圆圈—— 一个代表今天，另一个代表未来某一天（即某个既定目标实现的那一天）。在两个圆圈之间留一个合理的距离。请你站在那个表示"未来"的圆圈里，在脑中勾画出一幅未来生活的图片。设想你的手中拿着一个遥控器，你可以用它来改变脑内图像的画质和声音，增加亮度和色彩，提高对比度，将图像拉近，将音响效果调到最佳。然后，你步入画面，全心享受那种满足感与成就感。让时间定格在这个美好的画面。

所用方法：

- 设心锚（设感应点）

4. 将步骤 1 中的卡片按顺序等距离摆在"未来圆"和"今日圆"之间的地面上。

5. 站在"未来圆"之处，回头看"今日圆"。回想步骤 3 中定格的画面，你有何感受？"未来圆"中的你有什么话想对"今日圆"中的你说？有没有什么小建议或忠告？

6. 走到"身份／角色"卡片处。你实现目标后，跟以前

相比，发生了什么变化？具体表现在哪些地方？你现

在新的身份（或所扮演的角色）是什么？

7. 走到"价值观与信念"卡片处，想一想：为了成功，你

改变了哪些价值观和信念？这些改变是如何发生的？

所用方法：

- 价值引出法；

- 改变看法；

- 换一种思维模式；

- 转换心态——从"那"到"这"；

- 后设模式。

8. 走到"能力"卡片处。你的能力发生了怎样的改变？

实现目标的过程中你都学到了些什么？

所用方法：

- 使用"艺术性模糊"语言（高水平语言）。

9. 走到"行为"卡片处。为了实现目标，你做了些什么？

与你现在所做的有哪些不同？

所用方法：

- 创造新的行为模式（第十章）；

- 树立积极的信念；

- 固定法；

- PRIEST 法则；

- 策略确定法。

10. 走到"环境"卡片处。当你实现目标后，对周围的
    环境产生了什么样的影响？你周围的环境是一如既往
    还是完全改变？具体是怎么变的？

所用方法：

- 换位思考（第十章）。

11. 如果你觉得还差一点什么的话，你可以随意调整卡
    片顺序再做一遍以上练习。比较之后，你便会明白正
    确排列的卡片才会带给你顺畅的感觉，并让你迫切希
    望付诸实践。

将这些卡片摆在地上能够帮助你预先"设定"实现目标
的具体行为，让你对实现目标的时间和空间有更好的把握，
这比起单纯的大脑想象练习要有效得多。假若你已经完成了
这项练习，就没有必要再把目标写出来了——此时它已牢牢
地、清晰地印在了你的脑海中。

温馨小贴士

如果你有一个计划要实施，请先在脑子里勾画出计划实现后的场景，想想该计划的"结果"。比如，当你要打个电话，参加一个会议，与搭档谈一个敏感话题，买房子，或者买车子的时候，你都可以按照这个思路去假设：事情成功后，结果会是什么呢？你会有哪些收获呢？你最好在采取实际行动之前，找到这些问题的答案。

第 9 章

NLP 的基础理念

　　你现在已经对 NLP 有了一定的认识。NLP 的基础理念会在你通往成功的旅途中助你一臂之力。因为 NLP 就是为标榜优秀典范而出现的。以下这些理念就是由那些各个领域的成功人士总结出来的。这些理念被视作 NLP 的"前提条件"。

世界地图不等于现实世界

　　每一个人对这个世界都有自己的理解。不论你的理解是什么，它都不能完全代表这个真实的世界。因为一个人不可能每时每刻掌握所有信息。就像一幅世界地图不可能精确到世界上的每一栋房屋、每一家商店、每一棵树木，或者每一个路坑。你的拟实地图仅仅是你自己对世界的理解，而不等同于现实世界。

成功实例　　苏珊和山姆在同一时间去同一个超市购物。山姆不列购物清单，仅凭自己的感觉购物，但对苏珊来说，购物就像是一场军事行动。

她得事先列出购物清单，并且按照超市货架的摆放位置计划一条效率最高的"行军路线"，然后对照清单购物。苏珊无法理解山姆为什么总能在超市里漫无目的地闲逛式购物；而山姆则总是取笑苏珊军事化购物。

所以，人们是通过自己过去的经历、信仰和价值观所形成的"过滤器"来理解外部世界的意义，从而形成了自己的拟实地图。

尊重他人的拟实地图

如果沟通者仔细聆听对方的意见，对对方的意见表示理解或感兴趣，那么，往往能顺利实现成功的沟通。每个人都有自己的拟实地图，你能说谁的最好？所以，如果你能在交流时对对方的意见表示理解或感兴趣，就可以了解对方的拟实地图，从而与之建立起良好的人际关系，并进行有效的沟通和互动。这种理解和感兴趣的态度实际上是尊重他人想法的表现。但这也并不意味着你必须同意对方的想法。

成功实例

> 　　英格里德和她儿子格瑞格的拟实地图截然不同。
>
> 　　格瑞格趁他妈妈周末不在家，就决定邀请朋友到家里开个派对。但是派对把家里弄得乱糟糟的，还弄坏了一些物品。
>
> 　　格瑞格对此感到非常抱歉，这种态度就是对母亲英格里德拟实地图的尊重；英格里德也理解这是儿子的娱乐方式，这也就尊重了格瑞格的拟实地图。最后，他们母子俩一道努力，把家里收拾得干干净净。

沟通的意义在于获得认同和理解

　　如果你能对沟通采取负责任的态度，便能掌控沟通的过程和结果。人们总是习惯发表看法，但一旦他们的看法不被人所理解，他们便会归罪于他人或外部环境。

如果你想进行成功的沟通，就必须采取负责任的态度。如果对方的反应并非是你期待的那样，那么你最好换一种方式来表达你的想法。

> 如果你想进行成功的沟通，就必须采取负责任的态度。

成功实例　　哈里为自己的新想法激动不已，他手舞足蹈地向泰拉讲解。结果泰拉坐在那儿一动不动，因为她正听得全神贯注。但是，哈里误以为"泰拉对我的想法毫无兴趣"。

他行，你也行！

人若要成事，就不愁资源不够。所谓世上无难事，只怕有心人。你已经拥有作出改变所需的全部资源。如果你郁郁不得志，这并不表明你没有"内部资源（信心和勇气等）"，只能说明你不具备"丰资心态"，从而无法很好地发挥自己的资源，做一个有心人。

> 人若要成事，就不愁资源不够。

所以，"丰资心态"是取得成功的关键。万事皆有可能，只是有些事情要付出多一些，有些事情付出少一些。不过，行事之前，你一定要权衡利弊，考虑后果。

成功实例　　许多年前，医学界认为：如果一个人能在 4 分钟内跑完 1 英里，那这个人的心脏就会停止跳动。但是罗杰·班尼斯特突破了这一极限。现在，这个纪录被那些"有心"的运动员一次又一次地刷新。

没有失败，只有收获

即使你的努力并没有让你获得期望中的结果，你仍然得到了一个结果。那么就用这次失败的结果来帮助你反思如何进行改变，从而最终取得成功。请自问："我从这次的失败中学到了什么？""我需要进行怎样的改变？"

千万别只盯着问题本身，而应关注解决问题的方法，并尝试其他解决途径。失败仅仅只是一种心理状态，是一种感觉。

> 千万别只盯着问题本身，而应关注解决问题的方法。

成功实例　19 世纪 90 年代初，尼尔·菲茨杰拉德刚到联合利华工作。那时，他负责推出一款新的洗涤产品 Persil Power。但是，这种产品在超市仅仅上架一天就被迫下架，因为它的洗涤效果太强劲了——强劲到把衣服都洗坏了。然而，联合利华的董事会经过计算后认为，虽然这次投资损失惨重，但从中获得的教训还是很有借鉴意义，它为接下来的项目提供了宝贵的经验。而菲茨杰拉德本人，也在 1996 年晋升为联合利华英国区总裁。

思维和身体是同胞兄妹

一个人思维的方式会直接影响其生理机能。例如，沮丧时，身体会是一种反应；而快乐时，身体又是另外一种反应。消极的想法会给人带来压力和紧张，并且阻碍人体内能量的流动。事实上，人们越来越意识到压力的积累会导致严重的疾病，而积极的想法则使人体内的能量流动畅通无阻。

成功实例　仔细观察那些处于巅峰状态的顶级运动员，你会发现他们的成功都是基于积极的想法、良好的心态以及坚持不懈的训练。

每一个行为背后都有一个正面动机

俗话说，有多大的碗吃多少的饭。你最好先衡量自己现有的资源，然后再采取行动。那么，该行为背后的动机对你而言就是正面动机，即使对他人而言并非如此。

成功实例　　本杰明在舞会上认识了一个女孩，他们聊得十分投缘，女孩也留下联系方式有意继续交往，但是第二天他还是决定不给她打电话。因为过去的经验告诉他，继续交往通常会使他受到伤害。本杰明作出这一选择的动机对他而言无疑是正面的，即保护自己免受伤害。但是，这样一来，那个女孩会非常失望。

灵活性

灵活的思维和行为会给人带来许多好处，让你更加轻松地理解其他人的拟实地图，建立融洽的气氛并获得成功；而古板和苛刻则会导致沟通陷入僵局、计划落空、关系不和。

灵活并不表示想做什么就做什么，而是指思维和行为能够从实际出发、与时俱进。而呆板则是脑袋转不过弯、眼光狭隘的表现，思维方式和行为方式总是千篇一律。

成功实例　　珍妮纳闷自己为什么一直得不到升迁。她在这个岗位上任劳任怨工作多年，眼见身边的同事一个个都得到了晋升，而自己却还是老样子。她工作确实做得好，但是处事方式不灵活：她只和同她关系好的人合作。当她意识到这一点后，处事方式变得灵活了，升职的机会自然就降临到她的头上了。

一成不变的行为带来一成不变的结果

潜意识会让你不断重复之前的行为方式，尽管你也知道这种行为方式徒劳无益。除非你学会重新编写你的思维程序，否则还是一样的结果。

> 除非你学会重新编写你的思维程序，否则还是一样的结果。

成功实例　　布莱恩结了三次婚，还有过几次失败的恋爱经历。他总是将自己的感情失败归咎于女方。的确，他每一段感情都以同样的悲剧收场。但这并没有给他的思想和行为带来丁点儿的改变，他还是老样子：希望女方能迁就他。一旦他意识到自己的错误，便作出改变，开始尊重女方的拟实地图。

人的行为和人不能划等号

行为的意义并非是由产生行为的人所赋予，而是被其他人所赋予。换句话说，一个人的行为要由其他人用他们的拟实地图来解读。很多时候这种解读都是不准确的。因此，成功人士在与人沟通时，通常都不仅仅只看到对方的表面行为。

成功人士不仅仅看到对方的表面行为。

成功实例

> 托马斯在海军待过几年。征兵的时候，他谎报了自己的年龄，于是在不到 16 岁就加入了海军。他必须很快让自己变得强悍，否则就会受欺负。于是，他理了个光头，戴起了耳环，进行了艰苦的负重训练。退伍后，他的形象仍然没有改变。但实际上，他却是一个激情四射、创意无限，并且很有商业头脑的人。

世界观决定现实

拟实地图是由个人的认知及经验所建构出的世界观。

不同的人对同一件事情的看法会截然不同。世界没有两个人会拥有完全相同的经历，基于此，就可以说这个世界只存在极少数放之四海皆准的真理。

成功实例

罗布因为女朋友的习惯性迟到而非常气愤。他觉得她不爱他，不尊重他，于是两人在一起的时候他总是发脾气。

他的女友菲奥纳却没有他那么强的时间观念，要让她按时间表来行事很难。所以每次约会，罗布都会发脾气，都以不欢而散收场。于是她向她的好姐妹倾诉，说一定要和罗布分手，再找一个更容易相处的男友。

掌控了思维就意味着掌控了结局

任何事情都源自于想法。如果你能掌控自己的想法，那么你就能掌控自己的行为，自然也能掌控结局。

成功实例

一次，我和汉纳交流。我发现她思维方式太狭隘，这自然就限制了她的行为和行事的结果。她总是在说"我不相信这件会事发生""除非……才行"或者"他们（管理层）绝对不可能允许这种事情出现"这一类的话。

正是因为她总是把时间和精力花在无谓的思考上，所以她在解决问题时，才显得这么无能为力、无计可施。

抵触行为是不融洽的表现

沟通双方在建立了良好融洽的关系后，就能实现双赢。而如果缺乏这种融洽的关系，就会出现一些抵触行为——比如你在跟对方说话时，他或她却在做自己的事情，亦或你的肢体语言配合不当。没有一个良好融洽的关系，双赢的局面将只能是水中月镜中花。

成功实例　利亚姆不喜欢闲聊。他很有思想，但却总不能将思想表达清楚。

我们告诉利亚姆，闲聊其实并不"闲"，

它实际上非常重要。与人闲聊可以增进双方的感情、拉近距离，否则双方之间的交流就会卡壳，思想就会胎死腹中。

你无法不交流

在 20 世纪 60 年代，艾伯特·梅拉比安教授对口头交流的有效性进行了研究。研究表明：讯息中有 55% 的意义来自（视觉中的）身体语言（仪态、姿势、表情）；38% 的意义来自谈话时的声音（语气、声调、速度）；仅有 7% 的意义来自口头说出来的内容（遣词用字）。

尽管这个研究数据只是近似值，而且在电话发明后这些数据已不再适用，但它仍然突出了面部表情、身体语言以及语调在交流中的重要性。不管你在做什么，即使你觉得你坐在那一动不动地想自己的事情，在他人看来你这种行为照样有意义。

不管你在做什么，在他人看来你这种行为照样有意义。

成功实例
> 　　克莱格整场会议都将双臂交叉在胸前，一言不发，还时不时地叹口气。人们因此而认为他觉得会议非常无聊和无趣。而实际上，克莱格对会议进展非常满意，他在全神贯注地听，只是鼻子不太舒服而已。

你已经拥有作出改变所需的全部资源

　　相信这句话吧，它能帮助你和他人找到作出改变所需的全部资源。而这种改变会让你受益匪浅。

成功实例
> 　　黛比告诉我们，她无法长时间集中注意力。后来我们得知黛比这个判断源于她的地理老师，而事实上这位老师当时想说的是，"你在课堂上开小差"。但是从那以后，黛比便曲解了这句话，她觉得自己在各种场合都无法集中精力。

我们告诉黛比，她完全能够全神贯注地欣赏电影，能够
聚精会神地阅读她最喜欢的书。她只需将她在一种情景中应
用自如的资源用到下一个场景就行了。

温馨小贴士

以下两个问题将测试你对 NLP 基础理
念的了解程度。

1. 要是我严格按照 NLP 原则生活，会
怎么样？

2. 要是我违背 NLP 原则生活，又会怎样？

第 10 章

NLP 技巧汇总

换位思考

换位思考——即从对方的立场出发思考问题——能够帮助您了解对方的想法，最终实现互利共赢。无论是与家人（包括小孩）相处，还是同客户打交道，你都可以采取这一技巧，来实现您的既定目标。

如果你不能同自己希望影响的人建立默契，那么站在第三方的角度来看待你们之间的关系将对您大有裨益。事实上，从不同的角度去看待问题的确能够让您获得更多的信息，从而作出更加明智的决定。

学会从旁观者的角度去"看"是个不错的开始，但学会从旁观者的角度去"听"、去"感受"更能让你受益匪浅。设身处地地从对方的角度去审视问题，并采取相应的行动，这不仅有助于理解对方的想法、价值观和立场，还能帮助你了解他们将对你的言语和行为采取何种反应。此外，换位思考不仅能够增加你对他人的了解，还能提高你对自己的认识。

以下的练习能够帮助你学会从三个不同的角度来审视

问题。

1. 想象一件即将发生的、让你感到紧张和恐惧的事情。

2. 你将站在三个不同的角度来看待这件事，不过首先
   你需要简单地布置一下场景，准备好桌子和椅子作为
   道具。

3. 第一个位置——**自己**。坐在这个位置上的你将仅仅从
   自身的角度来看待问题，你需要了解事情对你的影响，
   以及你对事情的态度。如果你希望获得自信，了解自
   己对这件事的真实想法，或是确定自己的需求是否都
   得到了满足时，从这一角度看问题能为你带来很大的
   帮助。但是如果你仅仅站在这一角度看待问题，那你
   将很难，甚至根本不能够了解到你的行为对他人或者
   是他人的需求造成的影响。因此，你作出的决定将可
   能会有偏颇。

4. 第二个位置——**对方**。现在，你离开了第一个位置，
   坐在对方的位置上。当你坐在这个位置上时，想象自
   己正看着坐在第一个位置上的那个你，同时也可以设
   身处地地去体会对方的感受和想法。这不仅仅是指要

你去想象如果你是他们的话你会怎么做。更重要的
是，你要去想象你就是他们，切切实实地去体会他们
的观点和立场，从而获得更准确的信息。比如你可以
问问自己，对于对方来说，什么是最重要的？他们承
受着什么样的压力？是什么样的价值观以及信念在驱
使着他们？从对方的角度来看问题能够让你更加清楚
地认识到对方行为背后的原因，以及他们的"拟实地
图"。当然，坐在这个位置上，你也能了解到他们眼
中的你。

5. 第三个位置——**墙上的苍蝇**。现在，你将暂时离开第
一个位置和第二个位置，远远地站在布景的一边。站
在第三个位置上，你可以同时观察到坐在第一个位置
和第二个位置上的自己，从而以一个旁观者的角度来
看待问题。想象自己是一部电影的导演，或是"墙上
的苍蝇"这部纪录片的制片人。你可以从客观理智的
角度来看问题。旁观者清，站在这个位置上，你可以
清楚地看到身处场景中的双方如何才能改善彼此的关
系，从而实现互利共赢。

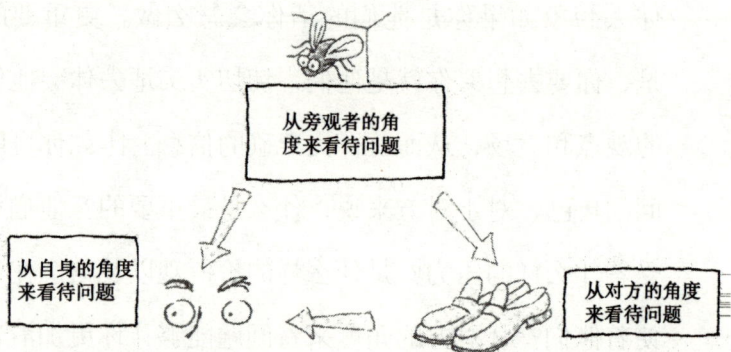

从旁观者的角度来看待问题

从自身的角度来看待问题

从对方的角度来看待问题

6. 最后，你可以回到上述的任意位置，更深切地去体验
　　每个位置带来的不同感受。

实际上，以上所述的三个位置都是同等重要的。在现实
的场景中进行上面的练习能够帮助你更好地了解对方，建
立默契，找到最佳的解决方法，甚至获得一种崭新的思维
模式。

改变不良习惯

您可以通过这个方法来改变一些不良习惯，比如咬指甲
盖、不停地看表、不爱运动、饮食失调（找到导致饮食失调

的原因，如慰藉型饮食或是情绪性饮食）。此外，这个方法还能改变你对事物的反应，比如从"不假思索"到"深思熟虑"，从"充满攻击性"到"自信满满"等。

1. 回忆一个你的坏习惯发生的场景。想象当时的一个画面，并给这个画面安上边框。找到这个画面的一到两个特质，当这些特质增强时，你内心的感受会随之发生改变。通常，改变画面的亮度以及大小最能影响你当时的感受，但是画面的色彩、明暗对比、位置等也能对你的心情产生影响。

2. 做几个深呼吸，或是伸展运动，调整一下自己的状态。

3. 在脑海中想象你希望用什么行为去替代当时的坏习惯，并且想象画面中的自己正在进行你所希望的行为。想象你正看着画面中的自己，在画面中融入力度、自信、清晰的思路、听力、创造性、焦点、轻松、幽默等所需的其他元素，从而让脑海中的图像丰满起来。尽量将这幅画与你生活的其他方面联系在一起。为画面配上不同的场景，画面中新的你与他人的关系和谐吗？如果在不同的场景中你都要采取画面中的行为来作为反应的话，你的行为所产生的结果会让你以及与你来往的人满意吗？你可以对画面的各方面作出进一步的调整，直到它完全让你满意。当你对画面的内容十分满意时，再试着调整一下画面的色彩、亮度、明暗，让画面更加的生动美丽吧。

4. 现在，尝试着在脑海中把画面缩小到一张邮票的大小，想象画面从彩色变为黑白，所有的声音逐渐消失不见。

5. 改变你的状态。

6. 在脑海中铺开你刚才心中所想的第一个画面，并且增强在第一步中选定的两个画面特质。接着，把刚才缩小的画面放在第一个画面的左下角。接下来那一步你需要迅速地完成。对自己说一声"变"，然后迅速地让大的画面变小变暗，同时，让小的画面变大变亮。快速交换这两幅画面的位置，同时缩小那幅消极的画面，直到它完全消失。

7. 将第六步重复进行五次，每次进行前都做做深呼吸，或是伸展伸展身体，让自己保持良好的状态。记住，速度和重复是关键。

8. 试试你的新反应是否管用吧，想象一个将来你希望自己能作出不同反应的场景。如果你还是用自己旧的习惯来作回应的话，就重新再做一下这个练习吧。当你完全忘记那个负面消极的画面时，你就成功了。

创造新的行为模式

你可以通过这个方法来创造新的行为模式。

1. 眼睛看向左下方，问问自己"如果我能……（填写你的目标）的话，我将会是什么样的？"

2. 眼睛看向右上方，想象一幅画面，画里你正在为实现目标而努力奋斗。

3. 想象自己进入了这个画面，你能够切实地体会到画面中的一切，你现在看到了什么？听到了什么？感受到了什么？

4. 把你现在的感受与类似成功经历的感受作比较。

5. 如果这两种感受是一致的，那你不用再接着进行下面的步骤了。

6. 如果两种感受并不一样的话，那想想到底还差些什么呢——创造性、自信、放松的状态等。

7. 进一步完善描述你目标的语言，假如"……"（其他的描述性的语言）

8. 回到第一步，重复进行本练习。

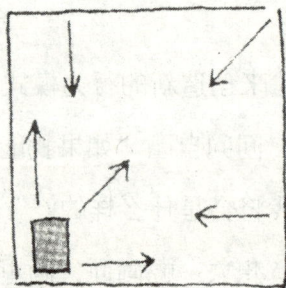

斯威舍技术

打消心中矛盾的想法

这个技巧能够帮助你打消心中一些矛盾的想法或是价值观。当你听到自己内心在说"一部分的我想要做／相信 X，而另一部分的我想要做／相信 Y"时，你可以使用这个方法来帮助自己打消这些矛盾的想法。

1. 找到内心矛盾的想法或是需要。

2. 分别为这两个矛盾的想法想象出一个图像代表，想象自己的双手正分别托着代表着两个矛盾想法的图像。

3. 找到一个折中的方案，并寻求这两方的同意。

4. 询问两方的意见，并根据双方的意见不断完善这一折中方案，直到双方达成一致。

5. 让手中代表矛盾想法的两个图像面对面地说出自己的想法，包括达成一致所需要的资源、力量、观念以及期望等。

6. 询问双方是否已经做好准备给出或者接受这些资源，如有必要，是否准备好谈判。

7. 把双手握在一起，并想象把这两个图像都融入自己的身体，想象它们在身体中融合在一起。当然，前提是这两方是在自愿的条件下完成融合的。

8. 看看有没有其他的想法有不一致的意见。如果其他方有不同的意见的话，则在这一方在场的情况下，再次进行上述练习。想象把这一方放在椅子上，方便在练习过程中询问它的意见。

集中注意力

如果你发现自己老是不能集中精力做事情的话，那么这个技巧或许对你有用。

我敢说你并非是在所有的情况下都不能很好地集中精力，在某些情况下你也能够集中你的注意力，比如在你观看一个你很喜欢的电视节目时，或是逛街，与朋友共度休闲时光、剪指甲、刮胡子、梳头或是读一本自己喜欢的小说时，在这些时候，你总是能轻而易举地集中注意力。因此，你首先必须认识到你并非是在"任何时候"都不能集中注意力，也就是说你具备集中注意力的能力，而且可以将这种能力运用到其他的事情中去。

回想一件你总是不能集中注意力来完成的事情，扪心自问，这件事对你来说重要吗？如果不做这件事情的话，会给你带来什么后果？认清失败带来的后果能够帮助你全神贯注地投入到这件事情中来，因为你具有了完成这件事情的动机。

但是有时，即便你已经清楚地看到了完成某件事情能够给你带来的好处，以及失败可能产生的负面影响，你也许仍然不愿开始做这件事。也有可能当你想要开始做这件事时，你突然失去了耐心或是干劲。这时，如果你强迫自己继续做这件事，你就违背了自己的真实意愿。一部分的你希望获得任务完成后随之带来的种种好处，但你内心的另一部分却压根不想去做这件事。要是你抱着这种心态去做事的话，那你就很容易在做事的过程中分心。

您可以通过以下的方法来集中注意力。首先，认识你的逃避感。这种情感上的不适感究竟从何而来？告诉自己逃避是没有用的，而且你真的非常希望获得完成这件事情所带来的好处。想象这件事情已经完成后的画面。调亮画面的色彩以及明暗对比。确保画面摆放在眼睛水平线以上的位置，并进一步加强画面的色彩、亮度和明暗对比度。留意画面为你带来的满足感。

现在，继续保持着这种满足感，放松你的呼吸。放松你的眼睛、下颚、肩膀的一切压力和紧张，把目光集中在你的手心上。告诉自己，周围的一切事物都不能让你分心——外界的一切声响、电话的铃声、新邮件的提醒声、关门的声音、孩童的吵闹、汽车呼啸而过的声音，这一切的一切都不能再干扰你。在你看向自己的手心时，仔细观察手掌的纹路，留意掌心最最细微的沟壑以及纹路的交汇。观察手掌皮肤下不同的颜色——红色、黄色，或是青色。你能留意到几种不同的颜色呢？将这样的练习持续一分钟，你会发现你的注意力已经高度集中了。现在，保持这种注意力高度集中的状态，带着明确的目标，将你的注意力从手掌转移到眼前的工作上来吧。相信你一定能全神贯注地处理好这件工作！

改变内心的图像

这个方法可以帮助你从一种心境转化到另外一种心境，如自信、耐心、幽默、注意力、决心等。这有点类似于上文所提到的改变不良习惯的方法，但稍有所不同是，本方法能在你身处困境时为你提供新的选择。

其实，你内心的图像与你的心态的关系非常密切。无论何时何地，当你感觉到焦虑或者是沮丧的时候，你内心就会产生同样的图像、自白以及感觉，这些内心的图像、自白和感觉随之会演变为你的某种习惯。同样的习惯会对应完全一样的图像，相同的位置、大小、亮度、色彩。你可以把自己置身于任何一种情绪中，然后注意产生了何种心理图像。你会发现当下次你处于同种情绪中，产生的心理影像是完全相同的。我们可以运用这一点来改变自己的心态。

习惯的力量非常强大。当你与别人进行交流时，你总是会习惯性地作出回应，没有时间对自己的行为作出思考，并从而作出调整。习惯总是根深蒂固。你可以重温过去的某个时刻，并运用本技巧去应对当时的场景，学会应付自如，镇定自若。

方法：

1. 回想过去你消极地对待某个人或某种情况的时候。

2. 注意你心里影像的以下方面：

• 位置——确切来说，这个画面是摆放在哪里的？

- 大小——是何形状，大小如何？

- 彩色的还是黑白的？

- 画面伴有任何声音吗？如果有，描述声音的特质。

- 此影像清晰度如何？亮度怎样？

3. 现在打断此状态，深呼吸，调整姿势。

4. 判断你想用何种状态代替习惯性的反应，暂且将其称
   为状态 X。

5. 回想你身处于状态 X 的某个场景，此状态的强度至
   关重要。确保当时你一定是强烈地感受到这种状态。

6. 注意此场景中第二步所提到的那几点。

7. 现在收起你的第一个影像，找寻与状态 X 有关的更
   为丰富的影像。图像依然不变，但是呈现了图像 X
   的一些方面。

好了，现在试图在原来位置找寻第一个影像，你会发现
此影像不见了。它自动地转移到了新的位置，有了新的特征，
你会感觉到内心变得更加强大了。

这种方法可以用在很多不同的状态中。多多运用，探索
可以为自己所用的多种状态，无论在何种情况下，你都可以
更好地控制。

竖起一道集中注意力之墙

此技巧非常有用，可以让你在嘈杂的环境中保持注意力的集中。我们已经将此技巧教授给了孩子们。这些孩子总觉得教室嘈杂，很难集中精力看书。

1. 想象自己周围有一堵隔音的磨砂玻璃墙。周围一切如旧上演，但你却听不到声音，只能通过玻璃看到模糊的一些影像。

2. 你可以通过以下方式练习本技巧：

- 想象当你需要安静的时候，周围就会竖起这堵玻璃墙。

- 在玻璃墙上留一个布告牌，你可以贴上便条提醒自己稍后要做的事情。

- 放一个恒温器，这样可以调整一个令人舒适的温度，让你静下心来看书。

我们相信这个技巧一定能对你产生积极的作用。

控制内心的对话

有时我们对自己说的话不起作用。你的内心可能向你传递了限制你的信息。尝试下述技巧，抛掉毫无帮助的内心对话。

1. 想象你有一个音量控制器——关闭声音，这样你就什么也听不到了。

2. 向上看——你的眼睛看向这个方向时，你几乎不可能自己与自己谈话。

3. 将声音想象成卡通人物的声音。

4. 加快速度听起来像花栗鼠。

5. 减缓速度听起来深沉滑稽。

温馨小贴士

当您掌握了这些 NLP 的技巧后，您可以将它们灵活运用，相互搭配以发挥最大效用。比如，你可以一边使用本章开头提到的换位思考法，同时使用改变不良习惯、控制内心对话等方法。

结　论

NLP 是一种需要不断练习的技能。读完此书只是您迈向美好生活的第一步。我们相信您一定能从中获得乐趣，同时也希望您能每天都坚持 NLP 练习。大量的练习会让您对自己更加自信，假以时日，当您树立了自信，新的思维和行为模式也会自然而至。

记住，NLP 能让你体验到不同的生活方式。好好选择吧。

作者的联系方式

David Molden：david@quadrant1.com

Pat Hutchinson：pat@quadrant1.com

网址：www.quadrant1.com

常见问题及回答

所有的 NLP 训练都是相同的吗？

大多数的 NLP 课程中都会传授 NLP 的核心技能。运用这些技能的人有的是想成为 NLP 治疗师和咨询师，有的是想以 NLP 技巧为谋生手段。NLP 在这两方面都能起到积极的作用。至于训练课程，有些课程为期 6 个月，课时为

20 天，有些课程精缩为 7 到 9 天。有些课程为大班授课，而有些课程适用于 6 到 24 人的小班教学。当然，这些小班教学相对来说能提供更高水平的支持和便利。总而言之，NLP 训练没有统一的标准，有的仅仅是不同的训练方式而已。

NLP 的资格证书有用吗？

NLP 的真正价值并非体现在资格证书上，而是在于 NLP 技能的运用上。我们知道有很多人自称是 NLP 的实践者，他们参加了这个课程，取得了证书。但是，并不是每一个实践者都能融合多种技能，因为 NLP 的融会贯通取决于他们的学习过程。真正的实践者其实并不需要告诉你他有一个证书。他的治疗结果就能很好地证明他的技能了。一纸证书只是表示你上过了一门课程——别无其他。

如何在日常生活中运用 NLP ？

循序渐进。如果感到发生了任何不适，停下来描述发生了什么事，不作判断，避免说"他让我感觉难受"或"他们不听我的话"。描述你所观察到的，比如"他脸色不好，我感到焦虑不安"。查阅此书，判断应对此特定的场合运用何种技巧。坚持运用，它就会变得越来越容易。

学习 NLP 的最好方式是什么？

我们建议在小组中进行学习，这样你可以接受专家级的指导。在学习过程中，两个学习者再轮流扮演探索者和调节者会忽略的很多细节。在这一阶段，如果学习者想要最大化地发挥潜能，得到经验丰富的培训人员的指导至关重要。至此之后最重要的就是练习、练习、练习。

你也可以重点观察一个方面，比如眼睛的移动，你可以

花整整一个星期的时间观察人们是如何移动自己的眼睛的，
眼睛的移动方向往往会暗示人们的思考方式（并非是思考内
容）。接下来的一个星期，你可以练习模仿身体语言，然后
下个星期练习注意别人说话的语调，等等。一段时间之后，
你就会自动地开始做这些事情。练习得越多，做起来就会越
容易。

**在我的印象中， NLP 就像是一个会员俱乐部，在
那儿遇见的人都说着我听不懂的 NLP 行话，能解释一
下吗？**

你遇到的人不是在展示他们的技能——他们是在炫耀
自己的技能。真正优秀的实践者其实并不刻意地说行话，
他们会让你在他们的群体中感觉舒服，对你表现出真正的
兴趣。

我听说 NLP 是操控性的，是这样吗？

你可以拿把刀来让别人交出自己所有值钱的东西，也可以用刀来切菜。NLP 同任何工具或是武器一样，重要的是使用者的意图。如果某个东西有操控的能力，这就意味着我们必须要否定它吗？那厨房柜中的刀叉呢？请相信自己的判断，而不要盲目地道听途说。

我听说 NLP 没有科学根据，是这样吗？

NLP 集中会合了一些主要治疗师、研究者和语言学家的成果。班德拉和格莱德研究了阿尔弗雷德·科泽布斯基、密尔顿·埃里克森、维吉尼亚·萨提尔和弗里茨·皮尔斯的成果，当然并不仅仅包括这些。此外，他们的研究还受到了乔治·贝特森的鼓励。如果你想追溯 NLP 的根源，只需在谷歌上输入这些名字，或者阅读班德拉和格莱德的作品。

NLP 兼收并蓄，它的起源可以追溯到多个学科，这些学科中的模式和技巧均以科学和实证为基础（见《神经语言程式学之根基》Robert Dilts，Metamorphous，1989）。当然，同任何新事物一样，总有一些人认为 NLP 对他们的理论构成了威胁，对其颇有微词。

不过想想伽利略为了证明地球是围绕太阳转动而受到的牢狱之灾吧。他的理论经过了整整一代人才被大众所接受。所以，只有您亲自去尝试使用 NLP 技巧才是判断其是否起作用的唯一途径。

鹿鸣心理（心理自助系列 ）书单

书　名	书　号	出版日期	定价
《聆听心声——成功女性的选择》	ISBN:9787562444299	2008年4月	16元
《艺术地生活》	ISBN:9787562443025	2008年5月	35元
《思维方程式》	ISBN:9787562446750	2008年12月	18元
《卓越人生的8个因素》	ISBN:9787562447733	2009年3月	36元
《家有顽童——孩子有了多动症怎么办》	ISBN:9787562448266	2009年5月	18.5元
《疯狂》	ISBN:9787562448600	2009年8月	29.8元
《找到自己的北极星》	ISBN:9787562452355	2010年1月	39元
《思想与情感》	ISBN:9787562452744	2010年5月	32元
《不羁的灵魂：超越自我的旅程》	ISBN:9787562453628	2010年5月	25元
《创伤后应激障碍自助手册》	ISBN:9787562459460	2010年5月	38元
《生命逝如斯——揭开自杀的谜题》	ISBN:9787562459477	2011年7月	25元
《登天之梯：一个儿童心理咨询师的诊疗笔记》	ISBN:9787562461692	2011年12月	27元
《良知泯灭：心理变态者的混沌世界》	ISBN:9787562462941	2011年12月	25元
《摆脱桎梏：抑郁症康复的7步疗法》	ISBN:9787562462514	2011年12月	38元
《癌症可以战胜——提升机体抗癌能力的身心灵方法》	ISBN:9787562463979	2012年3月	21元
《我的躁郁人生》	ISBN:9787562467427	2012年6月	29.8元
《大脑使用手册》	ISBN:9787562467199	2012年7月	45元
《自我训练：改变焦虑和抑郁的习惯》	ISBN:9787562470151	2012年10月	36元
《改变自己：心理健康自我训练》	ISBN:9787562470144	2012年10月	32元
《梦境释义》	ISBN:9787562472339	2013年3月	39元
《暴食症康复指南》	ISBN:9787562473008	2013年5月	45元
《厌食症康复指南》	ISBN:9787562473886	2013年7月	39元
《抑郁症：写给患者及家人的指导书》	ISBN:9787562473220	2013年7月	20元
《双相情感障碍：你和你家人需要知道的》	ISBN:9787562476535	2013年9月	56元
《羞涩与社交焦虑》	ISBN:9787562476504	2013年9月	38元
《洗脑心理学》	ISBN:9787562472223	2013年10月	46元
《学会接受你自己：全新的接受与实现疗法》	ISBN:9787562476443	2013年12月	45元
《辩证行为疗法：掌握正念、改善人际效能、调节情绪和承受痛苦的技巧》	ISBN:9787562476429	2013年12月	38元
《关灯就睡觉：这样治疗失眠更有效》	ISBN:9787562482741	2014年8月	32元
《心理医生为什么没有告诉我》	ISBN:9787562482741	2014年9月	76元
《强迫症：你和你家人需要知道的》	ISBN:9787562476528	2014年9月	56元
《远离焦虑》	ISBN:9787562476511	2015年1月	52元
《神奇的NLP：改变人生的非凡体验》	ISBN:9787562482291	2015年6月	39元
《自闭症谱系障碍》	ISBN:9787562490289	2015年6月	52元

请关注鹿鸣心理新浪微博：http://weibo.com/555wang，及时了解我们的出版动态，@鹿鸣心理。

图书在版编目（CIP）数据

神奇的NLP：改变人生的非凡体验／（英）莫登
（Molden，D.），（英）哈钦森（Hutchinson，P.）著；张
鹏译.—重庆：重庆大学出版社，2015.6（2022.3重印）
（心理自助系列）

书名原文：Brilliant NLP: what the most
successful people know, do and say

ISBN 978-7-5624-9030-2

Ⅰ.①神… Ⅱ.①莫…②哈…③张… Ⅲ.①成功主
理—通俗读物 Ⅳ.①B848.4-49

中国版本图书馆CIP数据核字（2015）第093032号

神奇的NLP：改变人生的非凡体验

[英]大卫·莫登　　[英]帕特·哈钦森　著

张　鹏　罗玉婧　译

策划编辑：王　斌
责任编辑：文　鹏　张志敏
责任校对：邹　忌

重庆大学出版社出版发行
出版人：饶帮华
社址：（401331）重庆市沙坪坝区大学城西路21号
网址：http://www.cqup.com.cn
重庆市正前方彩色印刷有限公司印刷

开本：720mm×1020mm　1/16　印张：13.5　字数：107千
2015年6月第1版　　2022年3月第2次印刷
ISBN 978-7-5624-9030-2　定价：39.00元

版贸核渝字（2013）第 45 号